JN040462

デザイン初心者のための

Photoshop Illustrator

先輩に聞かずに

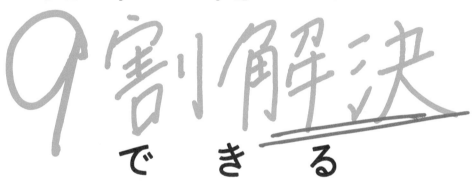

9割解決

できる

グラフィックデザイン超基礎

Power Design Inc. 著　インプレス編集部　編

インプレス

はじめに

本書をお手に取っていただきありがとうございます。
本書が生まれたきっかけは、なにより現場が忙しすぎるからでした。

グラフィックデザインの仕事は、デザイン事務所はもちろんのこと、Web や SNS の普及によって企業の宣伝担当者といったいわゆる「非デザイナー」がグラフィックソフトに触れる機会が増え、大きく広がっています。一方でニーズの多様化による製品増や、情報発信チャンネルの増加で制作物は増え、どの現場でもとにかく多数の業務をこなしていて、新人に教える立場の先輩は手一杯、そんな様子を見ては新人も聞くに聞きにくいといった光景が見られます。

「先輩に聞かなくてもわかる教科書的なものがあったらな。」まさに本書のタイトルそのままですが、それがあれば新人さんは気を遣わずに覚えられるし、先輩は指導時間の短縮になる。お互いに Win-Win ではないかと企画を考えていきました。メインは「ソフトの使い方」ではありますが、「業務を説明する」というつもりで内容を作っています。

Web 画像も印刷用データもカバーしていますが、出版社とデザイン事務所のタッグですので、印刷物のデザインに関することは特に手厚く説明しました。プロデザイナーとしては一年目に覚えてほしいこと、非デザイナーにとっては自力でデータ入稿ができるレベルになることを目標に、できるだけ詰め込みました。

本書の企画段階で、世の中はコロナウイルスによる「在宅ワーク」が推奨されるようになっていきました。いよいよ気軽に先輩に質問できないという時代に、本書がお役に立てれば幸いです。

インプレス編集部

グラフィックデザインに興味を持つ人・グラフィックデザイナーを目指す人にとって、避けては通れない最初の難関は"Photoshop・Illustratorを使えるようになること"ではないでしょうか。

もっと言えば、グラフィックデザイナーにはなれたものの"実際の仕事となると、どの機能を使ってどんなデータを作るのが正解なのかわからない"という人も多くいるはずです。

市場にはPhotoshop・Illustratorの使い方が親切且つ丁寧に書かれたリファレンス本がたくさんあります。でも、目的に対するアプローチの方法は複数あることが多いのです。そして、ピンポイントな具体事例に対する解決策が書かれたリファレンス本は、ほとんどありません。

本書は、デザイン初心者に最初に覚えてもらいたい機能・躓きがちな操作を厳選し、実際にプロが現場で行っているやり方で解決方法を紹介しています。「なぜそのツールを使うのか」「なぜこのタイミングで行うのか」などといった理由の部分も書いてあるので、グラフィックデザインの基本的な知識も学ぶことができます。

その他 InDesign・Bridge・Acrobat の基本操作方法も掲載しているので、デザイン作業だけに止まらず、グラフィックデザインにまつわるさまざまな作業について幅広く学ぶことができます。

困ったときには、この本を開いてみてください。きっとあなたの手助けができるはずです。
本書があなたにとって、"頼れる先輩"のような存在になれますように。

Power Design Inc.

本書について

本書の特徴

本書ではPhotoshop・Illustratorを中心に、InDesign・Bridge・Acrobatを含めた計5つのAdobeソフトの基本的な操作方法を厳選して、Q&A方式でわかりやすく紹介しています。グラフィックデザインの基礎知識も同時に学ぶことができる点が、本書の特徴です。

その他にも、実際にソフトを使いながらデザイン制作の過程を追うことができる「アートワーク」や、グラフィックデザイン・グラフィックデザイナーについて知ることができるお役立ち情報を随所に掲載しています。また、必要に応じてデータはダウンロード提供しています。ダウンロード方法はP.010をご覧ください。

キャラクター紹介

ベテラングラフィックデザイナーの「イイトコドリ先輩」。
教え出したらきりがないデザイン知識やソフト操作方法の中から、自分自身の経験を元に、本当に必要なことだけを"良いとこ取り"して教えてくれる。

性格
真面目だけど面倒くさがり屋。丁寧なように見えて「いかにして手を抜くか」をいつも考えている。ただし、間違った作業や非効率的な作業をしている後輩を見付けると口を出さずにはいられない。よく喋る。

趣味
・速読
・写真撮影
・寝ること
・蝶ネクタイ集め

好きなもの
・便利グッズ
・煮干し
・仕事終わりの一杯

イイトコドリ先輩

どうも
はじめまして

これから
よろしく
お願いします

本編では
もっとちっちゃく
登場します

紙面の読み方

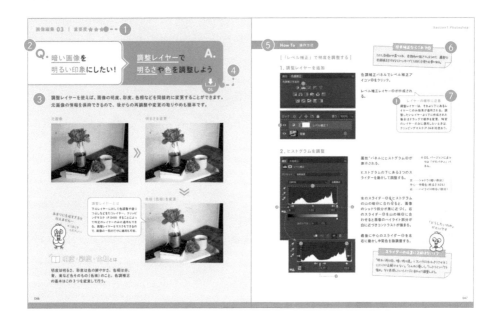

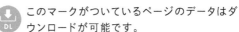

❶ 重要度

習得の必須具合を★の多さで表しています。
★★★：知らないと絶対困る基本
★★☆：知っていると表現力・効率が上がる
★☆☆：別のやり方でもできなくはないけど便利

❷ Q & A

業務中に疑問に思うワードに対して、まず答えを提示しています。やり方は覚えているならここを見るだけで解決です。

❸ 概要

Q&Aに対してのもう少し詳しい知識や概念、目的などを説明しています。

❹ ダウンロード

このマークがついているページのデータはダウンロードが可能です。

❺ 操作方法

ソフトの具体的な操作手順です。操作する順番に解説しています。ショートカットキーは Mac 用ですが、Windows でキーの異なるものはすぐ近くに Win マークで補足しています。

❻ メモ

手順に対して知っておきたい知識などを補足しています。

❼ 吹き出し

操作に対する注意点です。❗マーク付きは特につまづきやすいポイントですので注意しましょう。

目次

はじめに ・・ 002

本書について ・・・ 004

「グラフィックデザイン」を知ろう！ ・・・・・・・・・・・・・・・・・・・・・・・・・・・・・・・・・・ 011

グラフィックデザインの仕事の流れ ・・・・・・・・・・・・・・・・・・・・・・・・・・・・・・・・・ 012

Photoshop ／ Illustrator ／ InDesign ／ Bridge ／ Acrobatはこう使う！ ・・・・ 014

パソコン環境を確認しよう！ ・・・・・・・・・・・・・・・・・・・・・・・・・・・・・・・・・・・・・・ 018

教えて！著作権のこと ・・ 160

RGB、CMYKだけじゃない 色の深い話 ・・・・・・・・・・・・・・・・・・・・・・・・・・・・・ 164

ゴシック、明朝、TTF フォントの話 ・・・・・・・・・・・・・・・・・・・・・・・・・・・・・・・・・ 167

コラム　イイトコドリ先輩のとある1日のスケジュール ・・・・・・・・・・・・・・・・・・ 094

　　　　イイトコドリ先輩のグラフィックデザインをする人あるある① ・・・・・・・・ 168

　　　　イイトコドリ先輩のデスクのぞき見！ ・・・・・・・・・・・・・・・・・・・・・・・・・ 198

　　　　イイトコドリ先輩のパソコンのぞき見！ ・・・・・・・・・・・・・・・・・・・・・・・ 220

　　　　イイトコドリ先輩のグラフィックデザインをする人あるある② ・・・・・・・・ 234

厳選ショートカットキー早見表 ・・・・・・・・・・・・・・・・・・・・・・・・・・・・・・・・・・・・・ 248

主な寸法一覧表 ・・・ 250

よく使う校正記号 ・・ 251

用語別Index ・・・ 252

解説しているソフトのバージョンについて

本書に掲載している内容や機能は2021年12月のものです。Adobe CCの画面はMac版21.2.6のもので、お使いのOSやバージョンによっては画面や機能名が異なることがありますが、可能な限り補足を加えてフォローしています。

ソフトのアップデートがあった場合に、本書に記載した説明とは操作が変わってくる可能性があります。あらかじめご了承ください。

Ps Section1.Photoshop ·····························019

はじめる前に		Photoshopのワークスペース ·······················020
基本操作	01	カラーモードと解像度ってどう決めるの?··················022
	02	レイヤーって何?·······························026
	03	ガイドって何に使うの?·························030
	04	操作を途中からやり直せる?·····················032
	05	印刷用画像を保存するときのデータ形式は?···············034
	06	Webで使える画像形式はどれ?···················036
	07	サイズ、解像度、カラーモードなどの設定変更はできる?·······038
画像編集	01	画像を切り抜きたい!·························040
	02	画像をフェードアウトさせたい!····················044
	03	暗い画像を明るい印象にしたい!····················046
	04	写真の一部を消したい!·························054
	05	選択範囲がうまく作れない!······················058
	06	自動選択より綺麗な選択範囲は作れない?···············064
テキスト	01	文字をキレイにレイアウトするコツは?·················066
	02	フォント変えや色変え、揃えの変更がしたい!···············068
オブジェクト&加工	01	図形や直線を描く方法は?·······················070
	02	画像や図形を変形したい!·······················072
	03	画像を縮小→拡大したら荒れてしまった!···············076
	04	オブジェクトをきれいに並べる方法は?·················078
	05	オブジェクトをコピーしたい!····················080
	06	文字や図形に縁や影を付けたい ····················082
その他	01	乗算、オーバーレイ…描画モードって何?···············084
	02	特色データの作り方は?·························086
	03	複数データのリサイズや形式変換、自動でできない?·········088
	04	データを軽くしたい!··························092

目次

| Ai | Section2.Illustrator | ··········· 095 |

はじめる前に		Illustratorのワークスペース ························· 096
基本操作	01	アートボードサイズの決め方は? ····················· 098
	02	レイヤーはどんな風に使えばいい? ··················· 102
	03	ガイドって必要? ····································· 104
	04	トンボはどうやってつけるの? ······················· 106
	05	保存するときのデータ形式は? ······················· 108
オブジェクト&テキスト	01	線や図形を描く方法は? ····························· 110
	02	自由な形で曲線やイラストを描きたい! ··············· 118
	03	もっと自由にフリーハンドで線を描けない? ··········· 122
	04	文字の載せ方、設定方法は? ························· 124
カラー	01	線や図形、文字の色の変え方は? ····················· 128
	02	グラデーションにしたい! ··························· 132
	03	柄で塗りつぶしたい! ······························· 134
	04	線を二重に付けられる? ····························· 136
	05	オブジェクトを透過させたい! ······················· 138
	06	特色部分はどうやって塗るの? ······················· 140
変形&加工	01	オブジェクトのサイズや向きを変える方法は? ··········· 142
	02	同じオブジェクトを効率よく複製する方法はない? ······· 144
	03	複数オブジェクトをまとめて扱いたい! ··············· 146
	04	オブジェクトをきれいに並べる方法は? ··············· 148
画像配置	01	画像を配置する方法は? ····························· 150
	02	画像の切り抜きはできる? ··························· 152
その他	01	リンク画像の場所がわからなくなった! ··············· 154
	02	IllustratorデータをPhotoshopで開きたい! ········· 156
	03	データを軽くしたい! ······························· 158

Section3.Art Work ···········169

バナー制作 ··· 170
　　Web用画像納品前チェックリスト ················ 181
店頭POP制作 ·· 182
　　印刷物入稿前チェックリスト ··················· 197

Id Section4.InDesign ···················199

はじめる前に　　InDesignのワークスペース ················· 200

基本操作　　01　新規ドキュメントの選択肢が2つ…どっちを選べばいい?········ 202
　　　　　　02　ページの増減や順序変更はできる?················· 206
　　　　　　03　複数ページに共通の要素を作成・修正したい ················ 208

テキスト　　01　文字の入れ方にコツはあるの?···················· 210
　　　　　　02　別々のページにある文字の設定同時にできない?············· 212

その他　　　01　レイアウトに合わせて画像をを配置する方法は?············· 214
　　　　　　02　ミスがないか効率良くチェックしたい!·················· 216
　　　　　　03　入稿データの作り方は?··················· 218

Br Section5.Bridge ···················221

はじめる前に　　Bridgeのワークスペース ························ 222

基本操作　　01　ファイルの表示方法を見やすく変えたい!·············· 224
　　　　　　02　特定の種類・条件のファイルだけ表示したい!·············· 226
　　　　　　03　複数のファイル名を一気に変えたい!··················· 230
　　　　　　04　画像のサムネール一覧を印刷したい!··················· 232

目次

 Section6.Acrobat ···235

はじめる前に		Acrobatのワークスペース ··································	236
基本操作	01	ページの削除や順番入れ替えをしたい ·················	238
	02	PDFにコメントや修正指示を入れたい！ ··················	240
	03	沢山の注釈や赤字を見落とさずに確認する方法はない？········	242
	04	PDFのデータを軽くしたい！ ···························	244
	05	印刷物をPDF入稿する前には何を確認すればいい？············	246

データのダウンロード方法

 このマークのついたページのデータは以下の方法でダウンロードができます。
※インプレス会員サービス「CLUB Impress」に登録が必要です。

①ダウンロードページへアクセス

https://book.impress.co.jp/books/1120101134

URL、もしくはQRコードから本書の商品ページへアクセスし、「★特典」ボタンをクリックして、「>特典を利用する」ボタンをクリックします。

②CLUB Impressにログインまたは会員登録

IDとパスワードを入力して「ログイン」をクリック。
未登録の場合は「会員登録する（無料）」をクリックして登録します。

③クイズに答える

「特典をダウンロードする」で、本書の掲載内容に関するクイズの回答欄に答えを入力し、「確認」をクリックします。回答が正しければダウンロードページに入れるので、「ダウンロード」ボタンでダウンロードします。
ZIP形式のデータはダウンロード後に解凍(展開)して使用してください。

※ダウンロードデータの販売、再配布は禁止いたします。

「グラフィックデザイン」を知ろう！

グラフィックデザインとは簡単に言うと"平面デザイン"のことです。具体的には、写真・文字・イラストなどを使ってレイアウト作業や配色を行い、「伝えたい情報」を「与えたい印象」でビジュアル表現すること、と言えます。

プロのデザイナーでなくても、仕事でデザインをするときは誰でもデザイナーです。「デザイナー」と聞くと、センスよく、かっこよく、可愛くデザインを作れる人と思われがちですが、自分の作りたい"かっこいい"を作るのは「芸術家」、状況に合わせた"最高"を形にしてあげるのが「デザイナー」です。

あれもこれもグラフィックデザイン

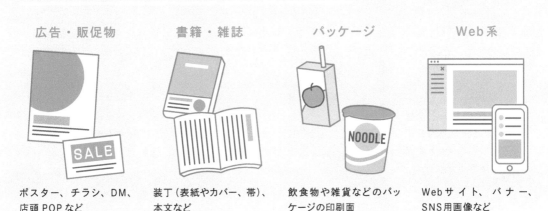

広告・販促物
ポスター、チラシ、DM、店頭POPなど

書籍・雑誌
装丁（表紙やカバー、帯）、本文など

パッケージ
飲食物や雑貨などのパッケージの印刷面

Web系
Webサイト、バナー、SNS用画像など

グラフィックデザインの仕事の流れ

メインの仕事はお客様（クライアント）からの依頼を元にデザイン制作をすることです。しかしデザイン作業だけをピンポイントで行うことは稀で、他にもそれを取り巻くさまざまな仕事があります。あくまで一例ですが、大まかな仕事のフローを見てみましょう！

Start!

依頼受理

クライアントから制作物の仕様やターゲットなどをヒアリング。

調査

ターゲットや現在の市場などについて調べたり、参考資料を集めたりする。

企画

クライアントの意向や調査内容を元に企画（デザインの方向性やコンセプトなど）を立て、提案用の資料を作成する。

ラフ作成

データを作る前にデザインのイメージを手描きで起こす。（企画時に出来上がっていることもある。）

企画決定

提案

企画をクライアントにプレゼンする。納得してもらえなければ再度企画を練り直すことも。

データ制作

ラフを元に、デザインソフトを使い実際のデータを作り始める。

下準備

仕様に合わせて、ベースデータを作成する。

レイアウト

素材を置いて、全体を大まかに組み立てていく。

この本で学べるのは
緑色の部分！

提出

PDFなどの簡易的なデータに書き出し、クライアントに提出する。

調整

概ねデザインが完成したら、仕上げに全体のバランスを整える。

赤字 ※ 受理

※修正指示のこと。赤ペンで書く習慣から、通称「赤字」で使われる。

装飾

必要に応じてイラストや柄を取り入れたり、フォントを変えたりして、デザインのテイストをコントロールする。

修正

クライアントからの赤字を元にデザインを修正する。

配色

背景や文字など、それぞれの要素の色を決める。

再提出

修正デザインを再度提出する。クライアントOKがもらえるまで、複数回やりとりが発生することもある。

Goal!

仕上がり確認

Web系なら実際にWeb上にアップされた状態を、印刷物なら刷り上がりを確認する。必要があれば修正して再度入稿・納品する。

入稿or納品

クライアントから指定された形式で、データを提出する。

データ整備

入稿・納品に向けて、不要なオブジェクトやレイヤーを削除するなどデータを整える。

デザイン
完成

Ps Photoshopはこう使う！

デザイナーはもちろん、宣伝広報担当者の人にも一番扱いやすいグラフィックソフトの代表。これだけでレイアウトまで完成させることもできますが、プロのデザイナーは主に画像の制作・編集をするときに使用します。

Photoshopは写真などの複雑な色表現が得意

Photoshopで作成するデータは基本的にラスターデータ（別名ビットマップデータ）です。

ラスターデータとは、格子状に並んだドットの集合体で構成されたデータのことで、ドットのひとつひとつをピクセルと呼びます。ピクセルごとに色を変えられるので、グラデーションのような繊細な表現や、複雑な画像表現が得意です。身近な例としては、デジタルカメラやスマートフォンで撮影した写真がラスターデータです。

ただし拡大するとピクセルが見えてしまい、ぼやけたりガタ付いたりします。細かい文字が多い印刷物などの制作には、あまり向きません。

主な役割❶
画像補正＆加工

明るさや色を変える、不要なものを消す、合成、切り抜きなどあらゆる処理が可能。ここまで画像編集することができるのはPhotoshopだけ。

主な役割❷
Web系のデザイン制作

Webサイトやバナーなど、最終的な納品データが「印刷物」ではなく「画像」である、Web系のデザイン制作に向いている。

Illustratorはこう使う！

ロゴやシンプルなイラストなど図形的な表現を得意とし、レイアウトに関しては Photoshop より断然直感的にスマートに扱えます。どんな大きさでも使えるようになるベクターデータを作成できる数少ないソフトです。

Illustratorは画像が粗くならないのが最大の長所

Illustratorで作成するデータは基本的にベクターデータ（別名ベクトルデータ）です。

ベクターデータとは、点・線などを数値情報として記録し再現するデータのことです。拡大・縮小などの変形を行ってもソフトウェアが数値を再計算して描き直してくれるため、画質が損なわれることはありません。ラスターデータと違って、自由に拡大ができるという理解で大丈夫です。ドットではないので曲線も滑らかに描けます。

一方で、写真のような複雑な色表現や自然なぼかし表現は苦手です。Illustrator データ上に、画像などのラスターデータを配置することは可能です。

主な役割❶
印刷物の制作

ポスター・チラシ・DM・パッケージなど印刷物のレイアウト作業に向いている。デザインに画像を含む場合、Photoshopを併用する。

主な役割❷
ロゴ・イラスト制作

ロゴはベクターデータがマスト。また Web系のデザインであってもイラストやボタン部分だけは Illustrator で作成する、というケースも多い。

Id InDesignはこう使う!

InDesignは書籍やカタログ、冊子など、主にページ物の制作時に使用します。
逆にページ物を制作しないデザイナーであれば、全く使用しないということもあり得ます。

Illustratorとの違いを知ろう

InDesignで作るデータも基本的にはIllustratorと同じ
ベクターデータですが、最大の違いとしてInDesignで
はページの管理を行うことができます。入れ替え・追加・
削除などが簡単にできる他、ページ数（ノンブル）を自
動で割り当てることができるのも特徴です。

InDesign

また、文字周りの管理・編集機能も優れており、ふり
がな(ルビ)を付ける機能があるのはInDesignだけです。

ただしパスの編集やグラフィカルな表現はIllustrator
のほうが得意です。InDesignデータ上にIllustrator
データや、画像などのラスターデータを配置することは可
能です。

Illustrator

主な役割❶
ページ物の制作

ページをまたいでも統一感のあるレイアウトが作
りやすい機能が備わっていて便利。Illustrator、
Photoshopと併用することが多い。

主な役割❷
テキスト主体のデザイン制作

文字周りの管理・編集がしやすいため、ペー
ジ物に限らず文字量が多い制作物であれば
InDesignのほうが作業しやすい場合がある。

Bridgeはこう使う！

Bridgeはパソコン内のファイルを閲覧・管理するときに使用します。多くのデータを扱うデザイナーはもちろん、画像の管理だけでも、とても重宝する便利なソフトです。

主な役割❶
ファイルの一覧表示

Photoshop や Illustrator のデータもサムネール表示でき、表示方法のカスタマイズもできるため一覧しやすい。解像度やカラーモードも一覧できる。

主な役割❷
ファイルのリネーム

複数ファイルの名前を自動処理で一気に変更することができる。

 # Acrobatはこう使う！

Acrobatでは PDFを閲覧・編集することができます。一見デザインとは無関係のようですが、デザインの共有はほぼ PDF で行います。実際にはかなり使用頻度が高いソフトです。

主な役割❶
赤字のやりとり

デザインデータをPDFとして書き出せば、クライアントなどデザインソフトを持っていない人でも注釈機能を使って赤字の記入・確認が可能。

主な役割❷
印刷物の入稿前チェック

特殊なプレビューモードで、デザインデータが印刷物として正しい作りになっているか確認できる。

パソコン環境を確認しよう!

MacとWindowsの違いとスペック

Adobe Creative Cloud は Mac でも Windows でも使えますが、インストールするソフトはそれぞれ Mac 版、Windows 版になります。どちらでも機能に差はありませんし、最終的な制作物は作ることができますので安心してください。ただし、純粋に画面上でのソフトの見た目の違いの他、よく見ると機能名がちょっと違うなど細かいところで違いがあります。両方を使うという人は少ないと思いますが、キーボードが違うためショートカットキーも変わるので、どちらかに慣れているともう一方では戸惑うことはよくあります。これは慣れていくしかありません。OS より、処理速度の速い CPU、ハードディスク（HDD）容量、メモリなどパソコン自体のスペックが重要です。Creative Cloud の動作には比較的高い性能が必要になりますので、一般的な家庭用パソコンレベルだと動作にストレスを感じるかもしれません。

●本書の推奨スペック（2021年12月時点）

	プロのデザイナー	宣伝販促担当者など非デザイナー
CPU	Intel core i7相当以上	Intel core i5相当以上
HDD	512GB	256GB以上 （ただしデータの保管には別で外付け ハードディスクやデータサーバーが欲しい）
メモリ	16GB以上	8GB以上

※スペックが高ければ高いほど操作は快適ですが、高価なので作業内容とのバランスで考えよう。

バージョンは最新にすべきか

Creative Cloud に新しいバージョンが出たら今すぐ使いたくなりますが、仕事で使うのであれば、クライアントや納品先と足並みを揃える意識が必要です。データを渡した先でまだ対応していないため、正しくデータ処理ができないというトラブルが考えられます。最終的に、画像データや PDF といった汎用的な形式でしかやりとりが発生しないのであればそれほど問題にはなりませんが、新しいものは予期せぬトラブルは付き物ですので、慎重に行いましょう。

Section1

Photoshop

Ps Photoshopのワークスペース

名称を全部
暗記していなくたって
作業は
できます！

Photoshop全体の作りを簡単に把握しておきましょう。
最初から全部を知ろうとしなくても大丈夫。作業しながら覚えていきましょう。

●─ オプションバー　ツールバーで選んだ機能のオプション設定

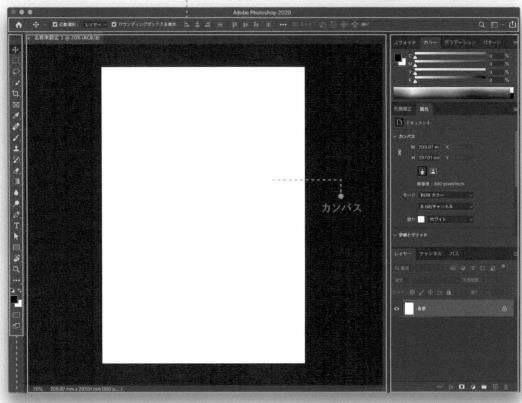

カンバス

●── ツールバー　　　●─ ドキュメントウィンドウ　　　　　　　　　　　　　●─ パネル
機能選択　　　　　　　　　　　　　　　　　　　　　　　　　　　　　　各種設定を行う

カンバスは「窓」！

カンバス周囲の黒い部分にオブジェクトがはみ出すと"消えてはいないけれ
ど見えない"状態になる。黒い部分はカンバスサイズにくり抜かれたような
作りになっており、その下でオブジェクトを動かしているようなイメージ。基
本の構造として理解しておこう！　JPGなどに書き出す（P.034）ときは、カ
ンバスサイズで書き出される。

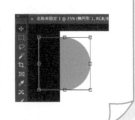

How To 操作方法

● ツールバーの基本操作

• 格納ツールを表示する

アイコン右下に三角マーク❶のあるツールボタンを長押し。格納されている関連ツールアイコンが表示される。

> ツールバーが消えちゃったら!?
> メニューバーから[ウィンドウ→ツールバー]を選択で再度表示。

`Win` ウィンドウ→ツール

● パネルの基本操作

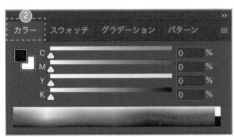

> ツールもパネルも消えたら!?
> [Tab]キーを押して再度表示。

• 移動

パネルのタブ❷をドラッグ&ドロップ。

• パネルを折りたたむ／展開

パネルが展開されている状態で、タブ❷をダブルクリックすると折りたたむ。折りたたんだ状態からタブ❷を1回クリックで展開。

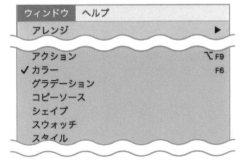

• 表示／非表示

メニューバーから[ウィンドウ]をクリック。パネル名をクリックでワークスペース上に表示。再度クリックで非表示。

> 表示されているパネルにはチェックが付く。

● ウィンドウの表示モードを切り替え

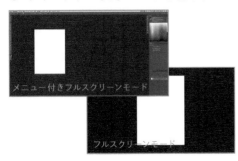

[F]キーを押す。押す毎に標準スクリーンモード→メニュー付きフルスクリーンモード（全画面表示）→フルスクリーンモード（ドキュメントウィンドウのみの全画面表示）の順に繰り返し切り替わる。

左ページの画面が標準スクリーンモードです

Q. カラーモードと
解像度って
どう決めるの?

A.

Web 用は…
RGB/72ppi

印刷用は…
CMYK/350ppi

データの新規作成画面ではさまざまな項目が出てきますが、
まずは「サイズ」「カラーモード」「解像度」さえおさえればOK。あとで変更も可能です。

新規ドキュメント
作成のダイアログ

サイズ

解像度

カラーモード

📖 カラーモードとは

画像データの持つ色の属性みたいなもの。Webなどディスプレイで表示するものは「RGB」、印刷は「CMYK」、モノクロ用の「グレースケール」を覚えておけばほぼ問題はない。これが違っていると、ディスプレイでの表示結果、印刷結果が思った色にならないことがある。

📖 解像度とは

1インチの中にいくつのピクセルがあるかを示す、画像の「密度」のこと。高解像度であればあるほど滑らかな表現が可能で、一般的にWebは72ppi、印刷は350ppiに設定する。単位はdpiまたはppi。（厳密にはdpiはプリンターやスキャナの再現度を表すとき、ppiはディスプレイ上での画像のピクセル数を示すときに使う。基本的には同じと捉えてOK。）

1インチ

低解像度

高解像度

How To 操作方法

● 新規作成の基本操作

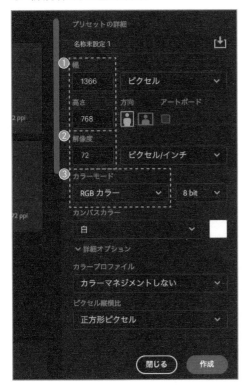

[⌘+N] キーを押して新規ドキュメントのダイアログを表示。

Win [Ctrl+N] キー

ダイアログ右側の「プリセットの詳細」を確認。制作物に合わせて、幅と高さ❶、解像度❷にそれぞれ数値を入力。

テキト〜は
だめですよ

単位、あってる？

幅と高さの単位も web 用と印刷用で
使い分けよう。
● web 用 …ピクセル
● 印刷用 …ミリメートル

カラーモード❸をプルダウンから選択。

右下の [作成] をクリック。

作成後の変更方法
カンバスサイズ、カラーモード 、解像度の変更方法は P.039 へ。

● プリセットを使う方法

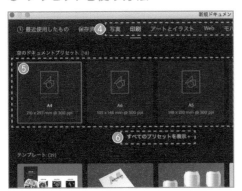

ダイアログ上部❹から制作物に該当する項目をクリック。

「空のドキュメントプリセット」❺の中から制作物に合うものをクリック。

サイズ、解像度が自動で入力される。

「すべてのプリセットを表示＋」❻をクリックするとさらに多くのプリセットが表示される。

SKILL UP! アートボードを使って効率UP

アートボードを使うと1つのドキュメント内で複数のデザインを作成することができます。
サイズ違いのバナーを作成するときなどに役立ちます。

レイヤーはアートボードごとに異なる（自動的に振り分けられる）。レイヤーの詳しい説明は P.026 へ。

「カンバス」と「アートボード」は別物なのですが　呼び方が違うくらいの認識で大丈夫です

完成したら「書き出し」で

デザインが完成したら「書き出し」（P.036）でアートボードごとの画像を保存できる。別名保存で JPG 形式などを選ぶと 1 枚画像になってしまうので注意しよう。作業途中のファイルは PSD で保存しておけば 1 ファイルで済む。

How To 操作方法

● アートボードの作成方法

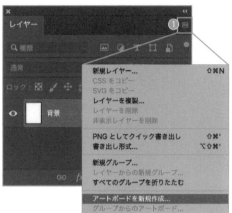

新規ドキュメントを作成、または任意のドキュメントを開く。

レイヤーパネルで右上のオプション❶をクリックし、プルダウンから「アートボードを新規作成」を選択。ダイアログが表示される。

アートボード名❷とサイズ❸を任意に設定し、右上の[OK]をクリック。

● 作成後の編集方法

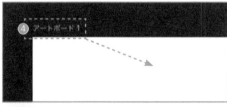

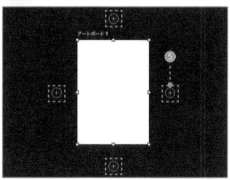

• 移動

アートボード左上にあるアートボード名❹をドラッグ。

• 削除

削除したいアートボード名❹をクリックし、[delete] キーを押す。

• 複製

複製したいアートボード名❹をクリック。上下左右に+マーク❺が表示される。増やしたい方向の+マークをクリック。

調整完了後、[shift + V] キーを押して通常の選択ツールに切り替えて編集モードを終了。

Q. <u>レイヤー</u>って何？

A. <u>透明フィルム</u>と捉えてみよう

Photoshopでは複数のレイヤーを重ねて1枚の画像を作ります。
写真、文字、イラストなどを別々のレイヤー分けることで、個別に編集することができます。

●------● カンバスでの見え方

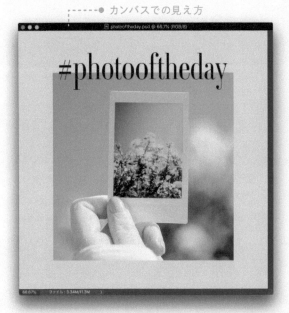

●------● レイヤーパネル

③
②
①

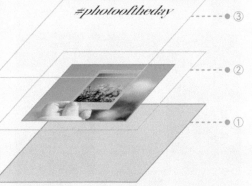

#photooftheday ------● ③

透明部分は透けている状態。

------● ②

レイヤーを制する者は
デザインを制す、です

背景色は全面に敷いてある
状態で、文字や写真は上に
乗っているだけ。

------● ①

How To 操作方法

● レイヤーの基本操作

・ 新規レイヤー追加

レイヤーパネル下部のアイコンから [+] ❶をクリック。

必要に応じて編集。

・ レイヤー名変更

レイヤー名❷をダブルクリック。任意の名前を入力。

特定のレイヤーだけ表示したり隠したりできる。

・ 表示／非表示

各レイヤー左側の目のアイコン❸をクリック。

[⌘]キーを押しながらクリックで、複数レイヤーを同時に選択。

Win [Ctrl]キー

・ 選択

各レイヤーの点線内❹をクリック。色が変わったら選択状態。

・ 重ね順の変更

該当レイヤーを選択し移動したい場所までドラッグ&ドロップ。

数値が小さいほど透明に近づく。0%で完全に見えない状態。

・ 不透明度の変更

該当レイヤーを選択後、不透明度の数値❺を変更。

・ 削除

該当レイヤーを選択後、右下のゴミ箱アイコン❻をクリック。

編集が不可になり、誤消去などのミス防止に。レイヤー自体の移動などは可能。

・ ロック

該当レイヤーを選択。鍵アイコンをクリック❼。レイヤーに鍵マークが表示される。

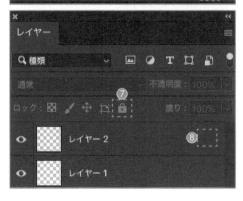

・ ロック解除

該当レイヤーの鍵マーク❽をクリック。

レイヤーを整理しよう

未整理は
ミスの元！

要素を増やしたり加工を施すと、レイヤーが増えます。
レイヤーのグループ化やリンク機能を使って作業効率を上げましょう。

✖ 未整理のレイヤー　　◎ 整理されたレイヤー

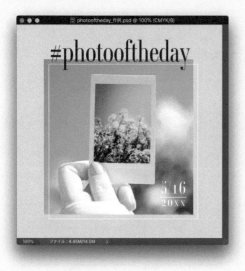

How To 操作方法

● レイヤーをグループ分けする

・ グループ化

グループにしたいレイヤーを [⌘]
キーを押しながらクリックして複数
選択。下部のフォルダアイコン❶
をクリック（または [⌘+ G] キーを
押す）。フォルダ❷が作成される。

`Win` [Ctrl] キー

`Win` [Ctrl+G] キー

フォルダアイコン左側の [>] ❸を
クリックするとフォルダが開き❹
内容が確認できる。

・ グループ解除

該当グループクリックして選択。
[⌘+ shift + G] キーを押す。

`Win` [Ctrl+Shift+G] キー

● レイヤーをリンクで繋ぐ

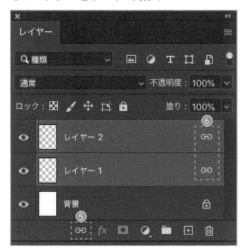

・ リンク

グループにしたいレイヤーを選択。下部の鎖アイコン❺をクリック。レイヤーに鎖マーク❻が表示れる。

・ リンク解除

該当レイヤーを選択。鎖アイコン❺をクリック。鎖マークが外れる。

● レイヤーを結合する

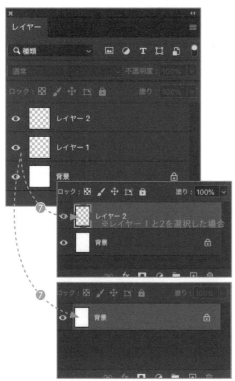

・ 一部のレイヤーを結合

該当レイヤーを[⌘]キーを押しながら全てクリック。選択された状態で[⌘+E]キーを押す。❼

Win [Ctrl]キー

Win [Ctrl+E]キー

・ 全レイヤーを結合（統合）

いずれかのレイヤー上で右クリック。プルダウンから[画像を統合]をクリック。❽

Q. ガイドって何に使うの?

A. 自動で消える便利な定規線として使おう

カンバスの中央やマージンにガイドを作成して、レイアウトの基準にします。センターの位置やデザインエリアがどこまでかなどが一目瞭然で、効率アップばかりかミス防止にもなります。

● ガイド（水色ライン全て）

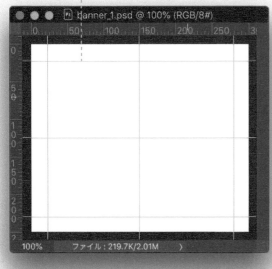

ガイドを基準にレイアウトしたデザイン

ガイドは Photoshop で開いたときのみ見えるもので、完成データには影響しない。

揃えはデザインの基本です

📖 マージンとは

簡単に言うと、文字など大事な要素を配置しない余白のこと。天地左右で同じ幅に揃えるなど、ある程度基準を持ってデザインしたほうが美しいとされる。特に印刷物では、端ギリギリに配置したものは印刷時や裁断時に切れてしまう恐れがあるのでマージンは必須。

How To 操作方法

1. 定規を表示

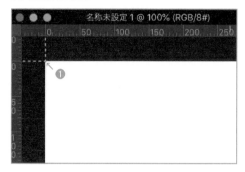

[⌘+R]キーを押す。ドキュメントウィンドウに定規が表示される。

上＆左の定規の始点がカンバスの左上❶に合っていることを確認。

Win [Ctrl+R]キー

合っていない場合は、上の定規と左の定規の交点をダブルクリック。

2. ガイド作成

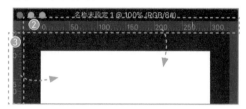

定規部分（点線内）からカンバス内へドラッグし、配置したい場所で離す。横ラインは上の定規❷から、縦ラインは左の定規❸から作成可能。

● ガイドの基本操作

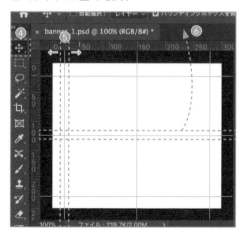

• 移動

ツールバーから［移動ツール］❹をクリック。動かしたいガイドをドラッグ❺。

• 削除

［移動ツール］❹をクリック。該当ガイドをドキュメントウィンドウの外にドラッグ❻。

• ロック／解除

[option+⌘+ :]キーを押す。　　Win [Alt+Ctrl+ :]キー

• 表示／非表示

[⌘+ :]キーを押す。　　Win [Ctrl+ :]キー

Q. 操作を<u>途中から</u>
<u>やり直せる</u>？

A. <u>ヒストリー</u>で
時を戻そう

ヒストリーパネルにはある程度前の操作までは操作履歴が残されています。
直前の操作だけでなく、やり直したい操作まで一気に戻ることができます。

デザイン変えてみたけど
やっぱ戻したい〜！
なんてとき…

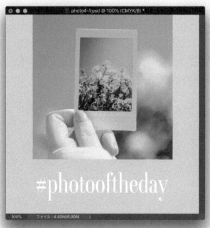

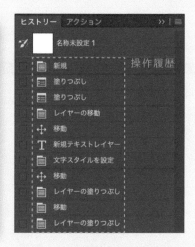

背景色変更と文字
の配置移動をする
前の状態に戻った。

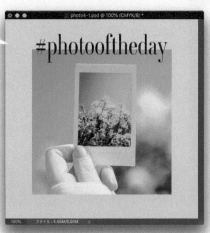

How To 操作方法

● ヒストリーパネルの基本操作

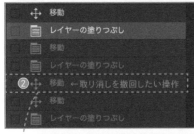

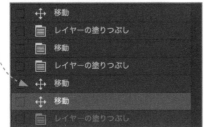

> **基本は [⌘ + Z] !**
> ヒストリーは一気に戻りたいときに役立つ機能。ひと操作ずつ戻りたい場合は [⌘ + Z] キーを使おう。

Win [Ctrl+Z] キー

・ 操作を取り消す

ヒストリーパネルで取り消したい操作を確認。その操作よりもひとつ前の操作❶をクリック。

> **！ ドキュメントを閉じると無効**
> ドキュメントを閉じると操作履歴がリセットされる。再度開いても、閉じる前の履歴は残らないので注意。

・ 取り消しを撤回

グレーになった（取り消された）操作❷を再度クリック。

> ひと操作ずつ撤回するときは [⌘ + shift + Z] キー。

Win [Ctrl+Shift+Z] キー

> **！ 別操作を挟むと無効**
> 操作取り消し後、新しい操作を行うとグレーの操作は上書きされるため、再度選択することができない。

別名保存のやり方は
つぎのページに！

取り消す前に保険の「別名保存」！

操作を取り消すなどの大幅な変更を行うときは、念のためデータを別名保存しておこう。過去に戻ってやり直してみたら、やっぱり前のほうが良かった！　という結果も十分に想定される。ヒストリーでは、過去に戻って違う操作をすると上書きされてしまうので、上書き前の未来には二度と戻れない。もう一度同じものを作るような二度手間を防ぐために、別名保存は大事な保険となる。使わないということが確定したら捨ててしまえばよい。

Q. 印刷用画像を
保存するときの
データ形式は？

作業途中は…
Photoshop形式（PSD） **A.**

完成後は…
PSD、EPS、JPEG、PDF
のいずれか

保存形式には様々な種類がありますが、まずは使用頻度の高いものだけ覚えればOK。
選ぶ形式によって拡張子が変わります。

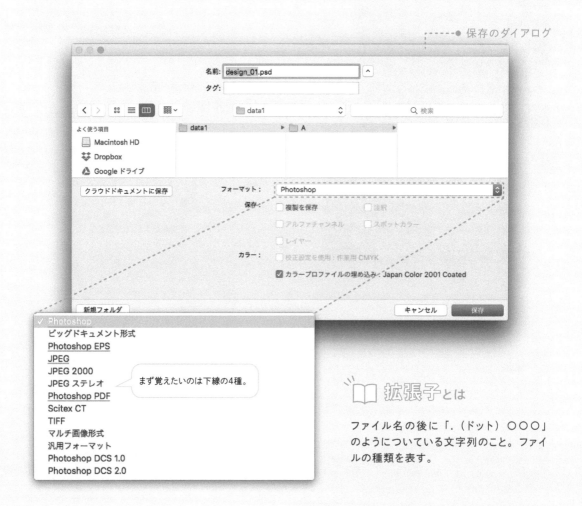

●------ 保存のダイアログ

まず覚えたいのは下線の4種。

📖 **拡張子**とは

ファイル名の後に「．（ドット）〇〇〇」
のようについている文字列のこと。ファイ
ルの種類を表す。

※ Web 用画像は次ページで解説

保存形式名（拡張子）	特徴
Photoshop **(.psd)**	◎ レイヤー情報を保持したまま保存可能 △ データ量が大きい
JPEG **(.jpg/.jpeg)**	◎ 比較的データ量が小さい ◎ パソコン、スマホ、タブレットを問わず、ほとんどの環境で開ける △ 画質が劣化する ✕ レイヤー情報保存不可
Photoshop EPS **(.eps)**	◎ 印刷用ソフトとの互換性が高く、昔主流だった画像フォーマット。現在でも使われているが、印刷所などから指定がない限りもうあえて使わなくてもよい。データ量は比較的小さい。 △ Illstrator の EPS データと見分けがつきにくい ✕ レイヤー情報保存不可
Photoshop PDF **(.pdf)**	◎ パソコン、スマホ、タブレットを問わず、ほとんどの環境で開ける ◎ 商業印刷用のデータとして保存できる設定がある ◎ テキスト情報を画像化せずに残せる（コピーができる）設定がある △ 保存設定によっては再編集ができなくなる ✕ 古いバージョンの Photoshop で開くとレイヤーが消えてしまうことがある

> とにかくまずは
> どんなデータも！

> 作業途中も！

How To　操作方法

> **psd 形式は必ず必要**
>
> とても重要ですよ
>
> 安心して再編集できるのは Photoshop 形式だけ。他の形式で保存するなら psd 形式も残しておこう。

● 保存の基本操作

• 初回の保存

[⌘ + S] キーを押す。ダイアログが表示される。名前を入力❶し、保存場所を選択。「フォーマット」のプルダウン❷から形式を選択。右下の [保存] をクリック❸。

`Win` [Ctrl+S] キー

> 一度保存したデータを上書き
> 保存するときも [⌘ + S] キー。

• 別名保存

[shift + ⌘ + S] キーを押す。「フォーマット」のプルダウン❷から形式を選択。[保存] をクリック❸。

`Win` [Shift+Ctrl+S] キー

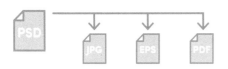

Q. Webで使える画像形式はどれ？

A. JPEG、PNG、GIF を覚えよう

バナーや Web サイトに使用するための「Web 用画像」を作る場合には、"保存"ではなく"書き出し"という機能を使います。

●---- 書き出しダイアログ

内容によって使い分けるんですよ

	保存形式名（拡張子）	特徴
写真や精密なイラスト	**JPEG** （.jpg / .jpeg）	◎ データ量が小さい △ 保存を繰り返す度に画質が劣化する ✕ 透過情報を持てない
透明背景 or 半透明の画像	**PNG** （.png）	◎ 透過情報を持てる △ 画質が劣化しない △ JPEG と比べてデータ量が大きい
簡単なイラストやアイコン	**GIF** （.gif）	◎ データ量が小さい △ 画質の劣化はしないが、そもそも色数が 256 色に落とされる ✕ 使える色数が少ないので写真などには使えない

How To 操作方法

1. 書き出しの基本操作

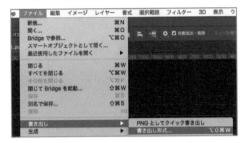

メニューバーから[ファイル]→
[書き出し]→[書き出し形式]を
クリック。ダイアログが表示される。

2. 保存形式を選択

「形式」のプルダウン❶から、任
意の形式を選択。「メタデータ」
を[なし]にして❷「色空間情報」
の2項目❸にチェックをいれる。

右下の「書き出し」をクリック。

! 自動で RGB/72ppi になる
「書き出し」は Web 画像用の機能。
書き出された画像はデータの状態に
関わらず、カラーモードと解像度が
自動的に変換される。不要なファイ
ル情報（メタデータ）も削除されるの
で、Web に掲載しても安全な画像に
なる。

カラープロファイルとは

「色空間情報」にあるカラープロファイルとは、色域の規格のこと。
ディスプレイの色は製品によって異なるので、色の正確な統一は
難しい。そのため、sRGB や Adobe RGB といった共通の規格が
作られている。sRGB はほとんどのディスプレイが対応しており、
Web をはじめアプリなど市販ディスプレイ表示用の画像は sRGB で作ることが一般的。もともと Adobe
RGB や CMYK だった画像は書き出した後の色が変わっていることがあるので注意しよう。色が変わって
しまうと困る場合は、制作時からしっかり作業環境のカラー設定を確認しよう（詳しくは P.165）。

色空間情報
☑ sRGB に変換
☑ カラープロファイルの埋め込み

Q. サイズ、解像度、カラーモードの設定変更はできる?

A. いつでも可能
ただし、小さい画像が大きくはならない

新規作成時に設定した内容は、基本的にどれも後から変えることができます。
自分が作ったデータ以外でも、撮影写真や支給画像などの素材は設定を見直しましょう。

ダウンロードした写真素材の例

> **Data**
> 1280×853px
> カラーモード：RGB
> 解像度　　：72ppi

勘違いしがちですよ

解像度は高ければいいわけじゃない!

解像度の高い写真はその分だけ大きくしても滑らかに表示や印刷ができるが、実際の使用サイズを超えて大きい画像はただデータが重くなるだけで迷惑になる。Web サイトでは純粋に表示に時間がかかるし、印刷では商業印刷の解像度は 350dpi 〜 400dpi が一般的で、例え 1500dpi の画像を入稿したとしても 400dpi 以上に鮮明に印刷されることはない。最終的な出力解像度を確認して最適な大きさにしておくと、データの扱いも格段に楽になり効率的に業務を進められる。

How To 操作方法

● カラーモード変更

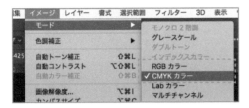

メニューバーから［イメージ］→
［モード］を表示。チェックが入っ
ているのが現在のカラーモード。

変更したいカラーモードをクリッ
ク。

● 解像度変更

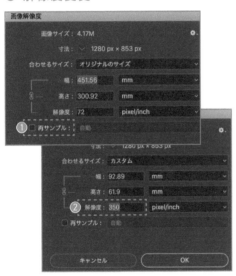

［option +⌘+ I］キーで画像解像
度のダイアログを開く。

Win ［Alt+Ctrl+I］キー

「再サンプル」のチェック❶を外
す。任意の解像度❷を入力。右
下の［OK］をクリック。

> ！ 「幅」と「高さ」が変わる
> 再サンプルのチェックを外すと、入力
> した解像度に合わせて画像のサイズ
> が自動的に変更される。

「再サンプル」とは

解像度を変更せずにサイズを小さくしたい場合にチェックする。
画像が大きすぎる場合に行う。ただし、小さくした分情報が
削られ、大きくしても元には戻らないので注意。

● カンバスサイズ変更

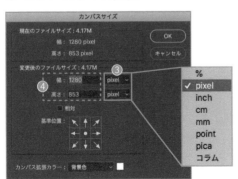

［option +⌘+ C］キーでカンバス
サイズのダイアログを開く。

Win ［Alt+Ctrl+C］キー

「単位❸」のプルダウンから任意
の単位を選択。任意のサイズ❹
を入力。右上の［OK］をクリック。

Q. 画像を
切り抜きたい！

A. レイヤーマスクで
不要部分を隠そう

不要部分を[delete]キーなどで直に消してしまうのはNG！ レイヤーマスクを使って"隠す"ことで、修正があっても後戻りしやすいデータが作れます。

消したように見えるが、隠しているだけなので修正が簡単。

カンバスサイズ変更じゃだめなの？

Web画像など、最終的な画像のピクセルサイズが決まっていて、なおかつ四角形に切り抜くならカンバスサイズ変更（P.039）で問題ない。使用サイズが確定していない、切り抜きの形も変更になるかもしれないという場合、マスキングで作業したほうが後戻りしやすく効率的。なお、カンバスサイズと似た機能で「トリミング」という機能があるが、トリミングは画像を隠すのではなく完全に削除する機能で一度切ったら元に戻れないので要注意。

How To 操作方法

1. ツールを選択

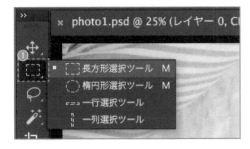

被写体の形に沿って切り抜きたい場合

図形の選択ツールではなく、被写体の形に沿って選択できる自動選択ツールを使おう。詳しくは P.058 をチェック!

ツールバーから任意の選択ツールをクリック。(今回は正方形にしたいので長方形選択ツール①。)

2. 範囲を指定

カンバス上で、トリミングしたい範囲をドラッグ。

[shift] キーを押しながらドラッグすると自動で正方形に。

点線②が表示され、点滅する。

選択範囲は選択ツールで動かして微調整することができる。

3. レイヤーマスクを追加

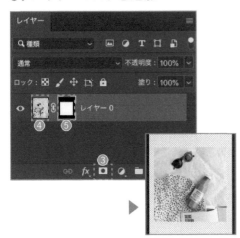

レイヤーパネルで該当レイヤーをクリックして選択。下部のアイコンから「レイヤーマスクを追加」③をクリック。

レイヤーサムネイル④の右隣に、レイヤーマスクサムネイル⑤が追加され、画像がトリミングされる。

! グループごとマスクも可能
グループを選択してマスクを追加すると、グループ内のレイヤー全てに一括でマスクをかけることができる。

SKILL UP! レイヤーマスクの仕組みを知ろう

仕組みを理解すれば、もっと自由な切り抜きができるようになります。
マスク作成後の再編集も簡単です。

- レイヤーマスクはモノトーンで表現される
- 黒い部分が隠され、白い部分だけが見える仕組み
- グレーにすれば半透明に見せることも可能

写真以外のレイヤーにも
追加できますよ

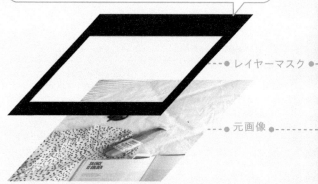

●-- レイヤーマスク -●

●-- 元画像 -●

 レイヤー0

レイヤー0

レイヤー0

円形

縁ぼかし

落書きタッチ

マスクの境界線をぼかしたり（P.043）
グラデーションにしたり（P.044）する
ことで半透明の表現ができる。

マスクレイヤー自体にブラシで描画
すれば自由な形の窓も作れる。

How To 操作方法

● レイヤーマスクの基本操作

・非表示／表示

[shift] キーを押しながら、レイヤーマスクサムネイル❶をクリック。

赤い×印が付く。

・削除

レイヤーマスクサムネイル❶をクリックし選択（サムネイルの四隅に枠が付いたら選択されている状態）。右下のゴミ箱マーク❷をクリック。

> **！ダイアログに注意**
> [適用]すると隠していた部分が削除される。[削除]すると元に戻る。

> 鍵を外すと元画像とレイヤーマスクが別々に編集できる。

・画像のマスク位置を変える

二つのサムネイルの間にある鍵マーク❸をクリックして連結解除。レイヤーサムネイル❹を選択。ツールバーから[移動ツール]をクリック。カンバス上で画像をドラッグ❺して位置を変更。

> 元々鍵があった場所をもう一度クリックで再度リンク可。

● 属性※パネルの活用

> **！属性※パネルがない場合**
> メニューバーから[ウィンドウ]→[属性]をクリックで表示。

・マスクをぼかす

該当のレイヤーマスクサムネイルを選択。属性パネルの[ぼかし]のツマミ❻を右へスライド。

※ OS、バージョンによっては「プロパティ」パネル。

・マスクを反転

該当のレイヤーマスクサムネイルを選択。属性パネルの[反転]❼をクリック。

Q. 画像をフェードアウトさせたい！

A. グラデーションのマスクを作ろう

レイヤーマスクを応用して画像を徐々に隠すことで、フェードアウト表現ができます。
スムーズな白→グレー→黒のマスクを作るために、グラデーションツールを使いましょう。

このようなマスクを作る。

How To　操作方法

1. レイヤーマスクを追加

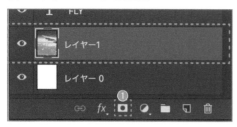

任意のレイヤーを選択。レイヤーパネル下部の「レイヤーマスクを追加」❶をクリック。

2. グラデーションの設定

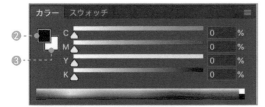

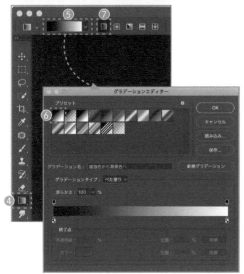

[D] キーを押す。カラーパネルで
カラーが初期設定の描画色❷：
黒、背景色❸：白になったことを
確認※。

※ OS、バージョンによっ
ては、描画色：白、
背景色：黒になる。

ツールバーからグラデーション
ツール❹を選択。オプションバー
で左端のオプション❺が黒から白
のグラデーションになっているこ
とを確認。

> **❗ 設定が違っていたら**
> オプション❺をクリックして、グラデー
> ションエディターを開く。「描画色から
> 背景色へ❻」のプリセットを選択して
> [OK] をクリック。

線形グラデーション❼を選択。

> 円形や反射形を選択すると、
> 形状の違うグラデーションをか
> けられる。

3. マスクにグラデーションを適用

レイヤーマスクが選択されている
こと❽、カーソルが十字になって
いること❾を確認。ドキュメント
ウィンドウ上でグラデーションを
始めたい位置をクリックしてから
一方向にドラッグする。

> 黒…マスクがかかる範囲
> 白…マスクがかからない範囲

ドラッグした幅の部分にグラデー
ションが適用される。

> 位置や加減を調整したい場
> 合は、再度ドラッグして上か
> らグラデーションをかけ直す。
> [shift]キーを押しながらドラッ
> グすると垂直にかけられる。

Q. 暗い画像を明るい印象にしたい！

A. 調整レイヤーで明るさや色を調整しよう

DL

調整レイヤーを使えば、画像の明度、彩度、色相などを間接的に変更することができます。元画像の情報を保持できるので、後からの再調整や変更の取りやめも簡単です。

元画像

明るさを変更

色味（色相）を変更

調整レイヤーとは
下のレイヤーに対して色調整や塗りつぶしなどを行うレイヤー。クリッピングマスク（P.048）することによって特定のレイヤーのみに適用もできる。調整レイヤーをマスクもできるので、画像の一部分だけに適用も可能。

あまりにも暗すぎると救えません…

トリ直してください…

📖 明度・彩度・色相とは

明度は明るさ、彩度は色の鮮やかさ、色相は赤、青、黄など色そのもの（色味）のこと。色調補正の基本はこの3つを変更して行う。

How To 操作方法

[「レベル補正」で明度を調整する]

1. 調整レイヤーを追加

色調補正パネルでレベル補正ア
イコン①をクリック。

レベル補正レイヤー②が作成され
る。

> **簡単補正ならこれで◎**
> ただし白飛びや黒つぶれ、色飽和が起きてしまうので、厳密な
> 色調補正をするならトーンカーブ（P.050）を使う必要がある。

> **⚠ レイヤーの順序に注意**
> 調整レイヤーは、それより下にあるレ
> イヤーにのみ効果が適用される。調
> 整したいレイヤーより下に作成された
> 場合はドラッグで順序を変更。特定
> のレイヤーのみに適用したいときは、
> クリッピングマスク（P.048）を使おう。

2. ヒストグラムを調整

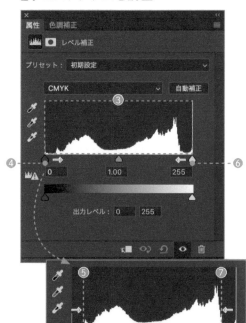

属性＊パネルにヒストグラム③が
表示される。

ヒストグラムの下にある3つのス
ライダーを動かして調整する。

※ OS、バージョンによっ
ては「プロパティ」パ
ネル。

左……シャドウ（暗い部分）
中心…中間色（明るさ50％）
右……ハイライト（明るい部分）

左のスライダー④をヒストグラム
の山の端⑤に合わせると、画像
のシャドウ部分が黒に近づく。右
のスライダー⑥を山の端⑦に合
わせると画像のハイライト部分が
白に近づきコントラストが強まる。

最後に中心のスライダー⑧を左
右に動かし中間色を微調整する。

「どうしたいのか」
が大切です

> **スライダーの位置に正解はない!?**
> 「明るい所は白、暗い所は黒」とコントラストをはっきりさせるこ
> とだけが正解ではない。「ふんわり優しく」「くっきりインパクト
> 強め」など表現したいイメージに合わせて調整しよう。

[「色相・彩度」で彩度を調整する]

1. 調整レイヤーを追加

色調補正パネルで色相・彩度ア
イコン❶をクリック。

調整レイヤーのすぐ下のレイ
ヤーにだけ適用したいとき
は、調整レイヤーを選択して
[option+ ⌘ +G]キーを押す。
クリッピングマスクという機能
が適用され、それより下のレイ
ヤーには影響を及ぼさない。

Win [Alt+Ctrl+G] キー

2. 彩度を調整

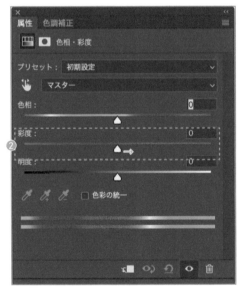

属性パネルで「彩度❷」のスラ
イダーを移動して調整。

右に移動すると彩度が上がり
鮮やかな画像に、左に移動す
ると彩度が下がり色褪せた画
像になる。

明度にも
言えること
です

やりすぎ注意！

彩度を上げすぎると色情報
が壊れ、画像が荒れて見え
てしまう。スライダーを動かし
ながら加減を調整しよう。

[「色相・彩度」で色相を変更する]

1. 調整レイヤーを追加

調整できるのは「有彩色」だけ

色相を持たない白・黒・灰色などの「無彩色」を調整することはできない。無彩色に色をつける方法はP.085をチェック!

色調補正パネルで色相・彩度アイコン❸をクリック。

2. 調整したい色の系統を選択

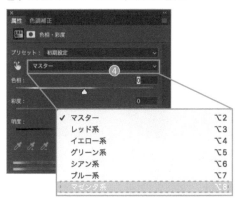

属性パネルで、調整したい箇所の色の系統をプルダウン❹から選択。（今回は花のピンク色の部分を調整したいので「マゼンタ系」を選択。）

！ 画像全体の色を変えたい場合
色の系統を指定せず、デフォルトの「マスター」のままにすればOK。

もっと部分的な色変更がしたい場合

調整レイヤーにマスクをかけて、調整内容を必要な箇所にだけ適用させればOK。マスクはP.040、P.042をチェック!

3. 色相を調整

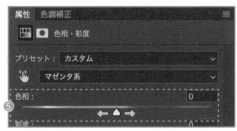

「色相❺」のスライダーを移動して調整。

移動と同時にカンバス上で色が変化する。

トーンカーブを使って繊細な色調補正

色相・彩度・明度での色調整は直感的に調整ができてわかりやすいが、白飛びや黒つぶれが起きやすいので、繊細な色調補正には使えない。トーンカーブの使い方を覚えておこう。

プリセット
様々な波形のサンプルがあるので、参考にしてみよう。

スポイト
色被りした写真補正に便利。一番上のスポイトで写真の本来真っ黒の部分をクリック、一番下のスポイトで本来真っ白な部分をクリックするだけで自動的にトーンカーブが調整され、色被りが解消する。

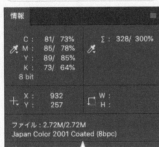

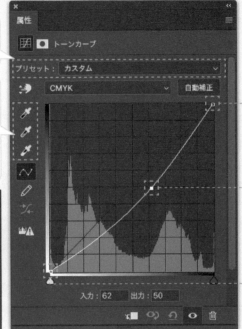

情報パネルを併用すると、各チャンネルの濃度を確認しながら論理的な色調補正ができる。

● 濃度100％のポイント

● 調整ポイント
カーブに調整ポイントを追加して、色濃度をコントロールする。CMYKでは上に動かすと暗くなり、下へ動かすと明るくなる。

● 濃度0％のポイント

プロ目指して
頑張りましょう

なぜトーンカーブを使うの？

トーンカーブでは、CMYKの場合、右上が色濃度100％のポイント、左下が色濃度0％のポイントになっていて数値で細かく調整ができる。例えばC20％をC10％に落としたいといった具体的な調整が可能。調整ポイントを起点に、100％と0％の両端に向かってゆるやかにカーブさせて調整ができるので、明るくしたことによって薄い色が白になってしまう「白飛び」や、暗くしたことで暗い部分の階調がなくなる「黒つぶれ」が防げる。プロクオリティを求めるなら欠かせない。

How To 操作方法

[「トーンカーブ」で濃度を調整する]

1. 調整レイヤーを追加

色調補正パネルでトーンカーブア
イコン①をクリック。

トーンカーブレイヤー②が作成さ
れる。

2. トーンカーブを調整

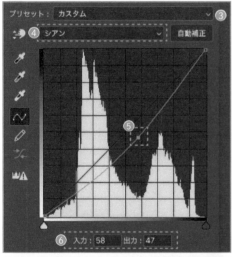

属性※パネルにトーンカーブ③が
表示される。

※ OS、バージョンによっ
ては「プロパティ」パ
ネル。

> 全体を調整するならチャンネ
> ルは CMYK のままで OK。

調整するチャンネル④を選択し、
ライン上をクリックして調整ポイン
トを追加⑤。

> グラフの横軸は「入力値=元の
> 明るさ」を、縦軸は「出力=変
> 更後の明るさ」を表す。⑥の
> 数値はそれぞれ、選択した調
> 整ポイントの横軸と縦軸の位置
> を表している。入力（Before）
> と出力（After）に直接数値を
> 入力することもできる。

情報パネル⑦を表示し、画像の
任意の場所にカーソルを持ってい
くと、調整前と調整後の数値の
変化を確認できる⑧。

 ▶

数値は色の正解の目安になる

例えば、日本人の健康的な肌の色は、C10%、M30%、
Y30%前後とされています。それを覚えていればどんなディスプレイ
で作業していても色補正ができます。

SKILL UP! ウィンドウアレンジで複数画像の補正を効率化

複数画像の明るさや色味を揃えたいときに、1つずつ開いて補正するのは非効率的。
横並びで見比べながら作業すれば、スピードも精度も上がります。

●ウィンドウアレンジ「6アップ」

選択されているドキュメントの
レイヤーだけが表示される。

これはアートボードではなく

複数のドキュメントを
並べて表示している
だけですよ

How To 操作方法

● ウィンドウアレンジのやり方

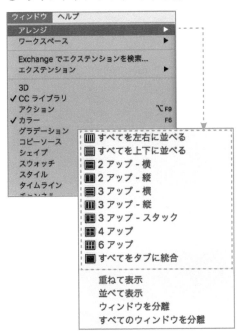

複数のドキュメントを開く。

メニューバーから［ウィンドウ→ア
レンジ］を選択。任意の表示方
法を選択。

● 調整レイヤーを別ドキュメントにコピー

コピーしたい調整レイヤーがある
ドキュメントのタブ❶をクリックし
て選択。レイヤーパネルに表示
された調整レイヤーをドラッグし、
コピーしたい画像の上でドロッ
プ。

！ カラーモードは事前に統一！
ドキュメントのカラーモードが異なって
いるとコピーできない。

個別の調整は必要！
元の画像の状態はさまざま。同じ調整レイヤーをかけたから
必ず同じ結果になる、というわけではないので注意。

Q. 写真の一部を消したい！

A. 修復系ツールで簡単補修

Photoshopには色々な修復系ツールがあります。中でも一番手軽で便利な、自動補修をしてくれる「コンテンツに応じた塗りつぶし」を覚えておきましょう。

おわかりいただけるだろうか…

How To　操作方法

[「コンテンツに応じた塗りつぶし」で修正]

1. 範囲を指定

ツールバーからなげなわツール❶をクリック。

> 対象物より少し大きめに範囲を取ると境界が馴染みやすい。

カンバス上で、トリミングしたい範囲をドラッグ。点線❷が表示され、点滅する。

2．塗りつぶしを作成

該当レイヤーをクリックして選択。メニューバーから［編集］→［コンテンツに応じた塗りつぶし］をクリック。

ダイアログが表示される。

諦めも肝心

思ったように自動修正してくれない場合は選択範囲を調整したりしてみよう。それでもダメならすぐにコピースタンプツール（P.056）に切り替えよう。

3．塗りつぶしの設定

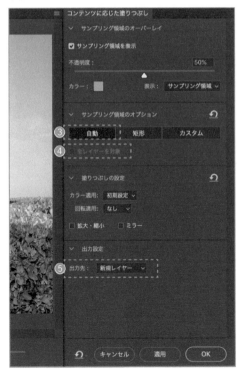

ダイアログの右側の「サンプリング領域のオプション」から［自動❸］をクリック。

作業データのレイヤーが複数ある場合、「全レイヤーを対象❹」にチェックを入れる。

> レイヤーが一つしかない場合はチェック不可。そのままでOK。

出力先は「新規レイヤー❺」を選択。

右下の［OK］をクリック。対象物が自動的に消された状態の画像が作成される。

手軽な「スポット修復ブラシツール」

似た機能で、画像を直接編集する「スポット修復ブラシツール」もある。該当箇所をブラシでなぞるだけなので簡単だが、後戻りはできないので注意しよう。

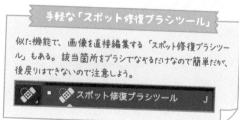

SKILL UP! 手動で細部補修をしよう

画像の一部を別の場所にコピーすることができる「コピースタンプツール」を使います。
「コンテンツに応じた塗りつぶし」で修正しきれないような細部を調整してみましょう。

消したい箇所に
別の似た箇所をコピーする
イメージです

自動補正で
発生した色ムラ
↓

空の画像をコピー　　　　　　コピーした画像をペイント

目の下のクマを消し
たいときは、くすみ
のない頬の画像をコ
ピーしてペイント。

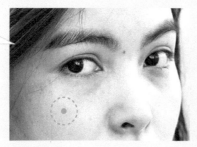

被写体を複製した
いときにも使える。

How To 操作方法

[「コピースタンプツール」で修正]

1. ブラシの設定

ツールバーからコピースタンプ
ツール①を選択。マウスポイン
ターがブラシの直径を表す円に
変わる。

[「」キー（直径縮小）、[ ] ］キー
（直径拡大）を押しながらブラシ
サイズを修正箇所より小さめに設
定。

オプションバーのブラシプリセッ
ト②をクリック。「汎用ブラシ」
の中から「ソフト円ブラシ③」を
選択。

ブラシ選びが鍵

ペンのようなハッキリとしたブラシを選ぶと境界が目立ってしまうた
め、なじみの良いぼかしのブラシを使おう。

2. ペイント

該当レイヤーを選択。画像内の
コピーしたい部分を、[Option]
キーを押しながらクリック。クリッ
クした部分がコピーする領域の起
点になる。

Win [Alt] キー

新規レイヤーを作成し、選択④。

修正したい領域にドラッグ。選択
とドラッグを繰り返して、起点の
境目をなじませていく。

直に描いたら
ダメですよ～！

レイヤー選択に注意

コピーするときは「元画像」を、ペイントするときは「新規レイヤー」
を選択すること。作業を繰り返していると描画先を間違えや
すいので注意！

Q. 選択範囲が
うまく作れない！

A.

自動選択の
コツを覚えよう

選択範囲を指定すると、画像の切り抜きや、部分的な色補正などができます。
複数ある自動選択系ツールを目的に応じて使い分けることがポイントです。

 切り抜き

 色変え

選択したい内容は
どれですか？

	おすすめツール	特徴
明確な被写体 例：ポートレート・物撮り	**被写体を選択**	**自動で主要な被写体を抽出** ◎ 背景と被写体が明確に区別できる画像 ✕ 風景写真のような被写体が不明瞭なもの
一部のエリア 例：風景写真の空だけ	**クイック選択ツール**	**細かな色の違いを区別して選択** ◎ 選択したい範囲の境界線が明確なとき △ 境界線が細かすぎる画像
ピンポイントな一部 例：車のタイヤだけ	**自動選択ツール**	**色が似ている範囲をワンクリックで選択** ◎ 選択したい部分の色が他とはっきり違うとき ✕ 色が多く複雑な部分

How To 操作方法

[「被写体を選択」を使った選択]

該当レイヤーを選択。

メニューバーから[選択範囲]
→[被写体を選択]をクリック。

画像内の主要となる被写体が自
動で検知され、選択範囲が作成
される。

一発でうまく行かなかった…
というキミは P.062 を
チェックですよ

How To 操作方法

[「クイック選択ツール」を使った選択]

1. ツールを選択

ツールバーからクイック選択ツール❶を選択。

[「[」キー（直径縮小）、[」]キー（直径拡大）を押しながらブラシサイズが選択したい箇所より小さめになるように設定❷。

2. 選択範囲を指定

該当レイヤーを選択した状態で、カンバス内の選択したい部分をドラッグ。

一度手を離したあと、範囲を追加したい場合は[shift]キーを押しながらドラッグ。余分な部分を削除したい場合は[option]キー Win [Alt]キー を押しながらドラッグして調整。

[「自動選択ツール」を使った選択]

1. ツールを選択

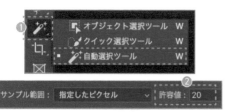

ツールバーから自動選択ツール❶を選択。

オプションバーで許容値❷に任意の数を入力。

小…近い色に絞って選択
大…近い色も含めて広く選択

2. 選択範囲を指定

該当レイヤーを選択した状態で、選択したい部分をクリック❸。

一度クリックしたあと、範囲を追加したい場合は [shift] キーを押しながらクリック❹。余分な部分を削除したい場合は [option] キーを押しながらクリックして調整。

Win [Alt] キー

[選択の小技]

● 切り抜き済みのレイヤーから選択範囲を読み込む

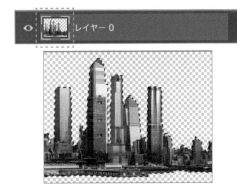

[⌘] キーを押しながら該当レイヤーのサムネールをクリック。レイヤー内の透明ではない部分が選択される。

Win [Ctrl] キー

> レイヤーマスクからも同様に選択が可能。

● 選択範囲の反転

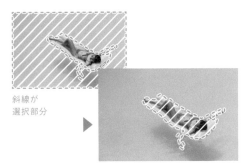

斜線が
選択部分

選択範囲を指定している（点線が点滅している）状態で [shift +⌘+ I] キーを押す。

Win [Shift+Ctrl+I] キー

ラクして
良いんです

よりシンプルな方を選択！

被写体を選択したいとき、背景のほうがシンプルな場合はいったん背景を選択してから反転するほうが簡単。

SKILL UP! 選択範囲を調整しよう

自動選択系のツールだけでは、細部がうまく選択できないことも。
そんなときは「選択とマスク」の機能を使って選択範囲を調整することができます。

わかりやすくするために
背景色を付けました

自動選択結果

髪の毛が綺麗に選択できていない

How To 操作方法

1. ワークスペースを表示

選択範囲の点線が表示されている状態で、オプションバーの「選択とマスク❶」をクリック。

「選択とマスク」がオプションバーに表示されない場合は、メニューバーの[選択範囲]→[選択とマスク]をクリック。

ワークスペースが表示され、選択範囲外の部分が赤く示される。

2. 選択範囲の調整

左上のツールパレットから、境界線調整ブラシツール❷を選択。マウスポインターがブラシの直径を表す円に変わるため、画像にあてがいながら、調整したい範囲より少し小さくなるよう［「」キーと［」］キーで直径サイズを調整。

髪の毛のような細部ではなく、もっと大胆に調整したい場合は別のツールを適宜使用。無理に使う必要はないので、いろいろ試して慣れて行こう。

3. 選択範囲の調整

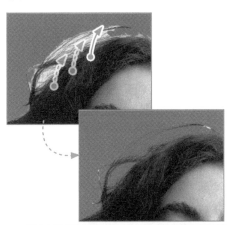

調整したい部分をドラッグ。選択範囲外に追加された部分が赤くなる。範囲を削りたい場合は［option］キーを押しながらドラッグ。

Win［Alt］キー

選択できたら、ワークスペース右下の［OK］❸をクリック。調整した範囲が反映される。

右側の属性パネルで
詳細設定ができます
でもトリあえず
初期設定でOK

Q. 自動選択より
綺麗な選択範囲は
作れない?

A.
パスを使って
手動で作ろう

自動選択は手軽な反面、輪郭が曖昧だったり、ガタついてしまうこともあります。
高解像度の印刷物に使用する画像を切り抜く場合は、パスを使って綺麗に仕上げるのが◎
パスを描くにはコツがいるので、P.118を参考に練習してからトライしよう。

自動選択

パス

How To 操作方法

1. パスの準備

 ▶

ツールバーから、ペンツールを選
択。

選択したい被写体の輪郭線に
沿ってアンカーポイントを打つ。
パスを閉じて、完成。

具体的なパスの操作方法はAi
と同様。詳しくはP.118へ。

2. 選択範囲の作成

作成したパスは、パスパネルに「作業用パス」として一時的に自動保存される。

作成したパスをクリック。パネル下部の「パスを選択範囲として読み込む❶」をクリック。

パスの形状で選択範囲が作成される。

● パスを保存する

せっかく作ったパスを
作り直すのは
心折れます…

「作業用パス」は上書きされる

作業用パスは新しいパスを作成すると自動で上書きされるため、必要なパスは保存しておく必要がある。

パスパネルで保存したい「作業用パス」をダブルクリック。

「パスを保存」のダイアログが表示される。任意のパス名を入力し、[OK ❷]をクリック。

パス名が変更されたら保存完了❸。

Q. <u>文字</u>をキレイに
レイアウトする
コツは？

短文は…
ポイントテキスト

長文は…
段落テキストを使おう

A.

テキストツールは一見「横書き」か「縦書き」かしかないように見えますが、
実は使い方を変えると短文・長文それぞれに向いた状態のテキストを作ることができます。

ポイントテキスト

20XX.5.3[mon]-5.5[wed]|

段落テキスト

20XX.5.3[mon]
-5.5[wed]|

改行しない限り直線上に文字が流し込まれる

ボックスの範囲内で文字が自動改行される
段落パネルで揃えの設定（詳しくは P.069）を行えば、
端の揃ったキレイな改行ができる。

使い分け例

Ⓟ ポイントテキスト
・タイトル　　・見出し
・ロゴ　　　　・日付
・キャプション　　　など

Ⓓ 段落テキスト
・リード文　　・説明文
・本文　　　　　　　など

Ⓟ スイーツビュッフェ
洋菓子から和菓子まで全国30店舗
のスイーツを、ビュッフェスタイル
の食べ放題で楽しめます！なかな
かお目にかかれない地方のスイー
ツも、この機会にぜひ楽しんで。
Ⓟ ● Patisserie YUMIKO

スイーツ販売
ビュッフェで見つけたお気に入りの
スイーツを持ち帰り用に購入できる
スペースも設置します。種類も豊富
なスイーツの中から、お土産や贈り
物に選んでみるのはいかが？ Ⓓ
● cafe PARIS in Tokyo

使い分けて
作業効率 UP
です

How To 操作方法

● ポイントテキストの操作方法

ツールバーから横書き文字ツール
または縦書き文字ツールを選択。

アートボード上の任意の箇所をク
リックし、入力位置を指定。カー
ソル❶が表示されるので文字を
入力。入力後、[⌘+return]キー
で確定。 Win [Ctrl+Enter] キー

20XX.5.3[mon]-5.5[wed]

● 段落テキストの操作方法

ツールバーから横書き文字ツール
または縦書き文字ツールを選択。

対角線にドラッグし、テキストの
バウンディングボックスを作成。

ボックス左上にテキスト入力の
カーソル❷が表示されるので、
文字を入力。[⌘+return]キー
を押すと編集完了。 Win [Ctrl+Enter] キー

> **!** カーソルが表示されない場合
> 文字サイズの設定が作成したボックス
> より大きいとカーソルが表示されない。
> 文字パネルでサイズを下げればOK。

▶ 20XX.5.3[mon]-
5.5[wed]

• ボックスのサイズ変更
テキストボックス内にカーソルが
あり編集中（外枠が点線）の状態
❸でマウスカーソルを点線の上に
持っていく。両矢印❹になったら
ドラッグ。

> **!** 移動ツールで変形はNG
> 図形の変形時のように移動ツールを使
> うと、文字まで一緒に変形してしまう。

Q. フォント変えや 色変え、揃えの変更 がしたい！

A. 文字パネル& 段落パネルで設定しよう

テキストの基本的な設定は全て文字パネルと段落パネルで行います。
プロのデザイナーなら必ず意識する「字間」と「行間」も調整してみましょう。

How To 操作方法

● 文字パネルの基本操作

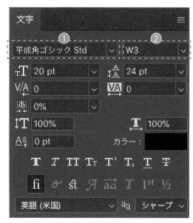

一部だけを選択したい場合は
[T] キーを押し、カーソルをド
ラッグして該当範囲を選択。

該当のテキストレイヤーを選択。

・ フォントの変更
プルダウン❶からフォントを選択。
プルダウン❷からフォントファミ
リーを選択。

便利なのです

フォントファミリーとは

文字の太さが段階的に作られた書体グループのこと。タイトル・
見出し・本文などで使い分けると◎

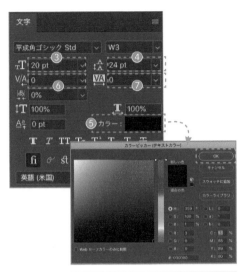

• 文字サイズの変更

プルダウン❸からサイズを選択、
または数値を入力。

> バウンディングボックスでも変更可能。変倍(P.072)には要注意！

• 行間の変更

プルダウン❹からサイズを選択、
または数値を入力。

• 色の変更

カラー❺をダブルクリック。ピッカー
から色を選択し[OK]。

> オプティカル or メトリクス or 和文等幅で自動設定可能。

• 字間調整

プルダウン❻からカーニング設定
を選択。プルダウン❼からトラッ
キングの数値を選択。個別に字
間を調整したい箇所は [T] キーを
押し、クリックでカーソルを挿入
❽。カーニング❻の枠に数値入
力。

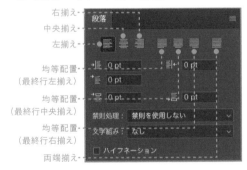

> **カーニングとトラッキングって？**
> カーニングとは文字同士の間隔を個別に調整すること。
> トラッキングとはテキスト全体の間隔を一律調整すること。

● 段落パネルの基本操作

右揃え
中央揃え
左揃え
均等配置
（最終行左揃え）
均等配置
（最終行中央揃え）
均等配置
（最終行右揃え）
両端揃え

• 揃えの変更

該当のテキストレイヤーを選択。

段落パネル上部にある揃えのボ
タンをクリック。

> 主に左3つはポイントテキスト、
> その他は段落テキストに使用。

> **こんなときに使おう**
> ブラシで文字をペイントしたい！ 部分的に消したい！ フィルター
> をかけたい！ など直接的な加工をしたいとき。

● テキストをピクセル化する

 ▶

該当のレイヤーを右クリックし、
「テキストをラスタライズ」を選
択。通常レイヤーに変化する。

Q. 図形や直線を
描く方法は?

A. シェイプを使って
編集しやすく

Photoshopの基本であるラスターデータは、再編集に弱いという難点があります。
シェイプツールならベクターデータで図形を作ることができ、再編集も思いのままです。

ブラシや塗りつぶしで描画した場合　　　　　　　　シェイプで描画した場合

- カンバスに直接ペイントしたイメージ
- 拡大すると荒れ、再編集が難しい
- ブラシでペイントなど直接的な加工が可能

- Illustratorで作るベクターデータと同じ
- 拡大縮小、色変え、線の調整が可能
- ブラシでペイントなど直接的な加工は不可

直接加工したくなったら
ピクセル化できますよ〜

How To 操作方法

● シェイプツールの基本操作

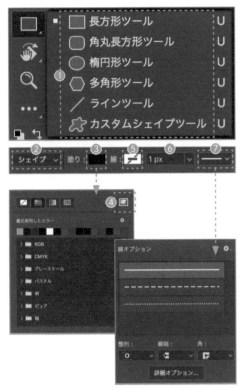

星型を作るときは［多角形ツール］を選択。カンバス上でクリックし、ダイアログ内「星」にチェック→[OK]をクリック※。

※ OS、バージョンによって、「星」にチェックがない。その場合「星の比率」を50%に設定する。

• 図形の作成

ツールバーから、任意の図形ツール❶を選択。

オプションバーでツールモード「シェイプ❷」を選択。カンバス上でドラッグ。

[Shift] キーを押しながらドラッグすると、図形の縦横比が同じになる。

• 塗り（図形の色）の設定

図形を選択した状態で、オプションバーの塗り❸をクリック。カラー一覧が表示されるので任意の色を選択、またはカラーピッカー❹をクリックし選択。

線を付けない場合はカラーを「なし」（赤斜線）に。

• 線の設定

図形を選択した状態で、オプションバーの線❺をクリックし、塗りと同じ手順でカラーを指定。「シェイプの線の幅を設定❻」で線幅を指定。「シェイプの線の種類を設定❼」から形状を指定。

● シェイプをピクセル化する

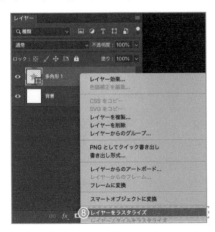

こんなときに使おう

ブラシでペイントしたい！ 部分的に消したい！ フィルターをかけたい！ など図形に直接的な加工をしたいとき。

該当のレイヤーを右クリックし、「レイヤーをラスタライズ❽」を選択。

ラスタライズすると戻せない
念のためレイヤー複製し、ラスタライズ前のシェイプも残しておくと◎

Q. 画像や図形を
<u>変形</u>したい！

A. バウンディングボックス
を表示して<u>変倍</u>に注意しよう

バウンディングボックスを使って感覚的に変形する方法、数値指定する方法などがあります。
いずれの場合も、元の画像や図形の縦横比が崩れないよう注意して作業しましょう。

操作が簡単だからこそ
ミスも起こり
やすいのです

● バウンディングボックス

● ハンドル

拡大・縮小 　　　　回転 　　　　反転 　　　　自由変形

初心者ほど意識せずやってしまう「変倍」

「変倍」とは元の画像の縦横比が崩れて、細長くなってしまったり潰れてしまったりしている状態のことです。自由変形のように意図的に変倍をかけているならよいですが、初心者ほど意識せずに縦100%、横95%のような微妙な変倍をかけてしまったまま作業してしまうことがあります。人物の写真などでは被写体にも失礼な話ですし、ロゴなどでやってしまうと致命的な問題になるケースもあります。本来の縦横比で使用することが大前提ですから、意識するようにしましょう。

How To 操作方法

[バウンディングボックスで変形する]

● バウンディングボックスの基本操作

反転は
次のページで！

こんなときに使おう

・感覚的に変形したい！
・手軽&簡単に変形したい！

• 非表示／表示

[v] キーを押す。移動ツールが選択されたことを確認しオプションバーの「バウンディングボックスを表示❶」をクリック。

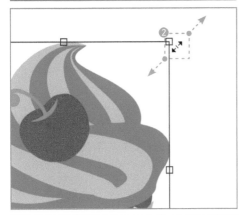

[option] キーを押しながらドラッグで中心点を基準に変形。

Win [Alt] キー

• 拡大／縮小

対象オブジェクトをクリック。四隅いずれかのハンドルにマウスポインターを近づけると両矢印❷になる。拡大は図形の外側へ、縮小は内側に向かってドラッグ。サイズが決まったら [return] キーで決定。

Win [Enter] キー

❗ shift キーで比率が崩れる
他のツールとは逆に、[shift] キーを押しながらドラッグすると縦横比が変わってしまうので注意。

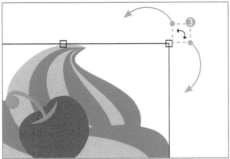

• 回転

ハンドルの少し外側にマウスポインターを近づけるとカーブ矢印❸になる。回転させたい方向へドラッグ。[return] キーで決定。

Win [Enter] キー

[shift] キーを押しながらドラッグで15°ずつ回転。

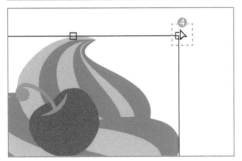

• 自由変形

[⌘] キーを押しながら動かしたいハンドルにマウスポインターを近づけると白矢印❹になる。任意の方向にドラッグ。[return] キーで決定。

Win [Ctrl] キー

Win [Enter] キー

[shift] キーも同時に押すと平行・垂直にハンドルが移動。

How To　操作方法

[数値入力で変形する]

● 拡大／縮小／回転

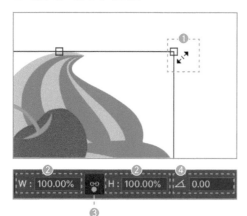

| W : 100.00% | ⊙ | H : 100.00% | △ 0.00 |

こんなときに使おう
拡大・縮小率や回転したい角度が具体的に決まっているとき。

移動ツールで対象オブジェクトをクリック。マウスポインターをバウンディングボックスの枠上に乗せ両矢印❶になったらクリック。オプションバーが数値表示に変わる。

拡大・縮小したい場合は W（幅）と H（高さ）の拡大・縮小比❷を入力。回転させたい場合は角度を入力❹。[return] キーで決定。

Win [Enter] キー

> **縦横比の鍵をオンに**
> W と H の間にある「縦横比を固定」の鍵マーク❸がオフだと、変倍になってしまうので注意。

● 画像や図形の傾き修正

ツールバーからものさしツール❶を選択。

カンバス上で、水平にしたい部分の始点から終点まで❷をドラッグする。細い線が表示される。

> やり直したい場合は、オプションバーの「消去」をクリックし、再度ドラッグ。

該当レイヤーを選択。オプション
バーの「レイヤーの角度補正❸」
をクリック。自動で回転がかかり、
傾きが修正される。

> ! レイヤー単位での修正
> レイヤー内の一部のみ、または複数
> レイヤーに適用することはできない。

[メニューバーから反転する]

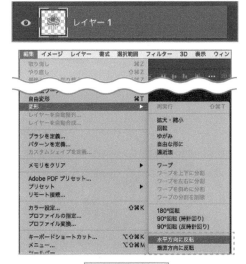

> バウンディングボックスで反転は危険！
>
> ハンドル操作でもできるが、大きさと比率の両方をキープする
> 機能がなく変倍になりやすい。ミス防止のために避けるのが
> 無難。

該当レイヤーを選択。

メニューバーから [編集] → [変
形] → [水平方向に反転] また
は [垂直方向に反転] をクリック。

> ! ［イメージ］メニューに注意
> ［イメージ］メニューにも「画像の回
> 転」というよく似た機能があるが、こ
> ちらはレイヤーではなく画像全体を回
> 転、反転する機能なので間違えないよ
> うに注意。

▼

水平方向に反転   垂直方向に反転

リスク回避が大切…
むにゃむにゃ…
Zz..
休憩中

Q. 画像を縮小→拡大したら荒れてしまった！

A. スマートオブジェクトで配置しよう

ラスターデータを縮小するとピクセル数が減り、拡大しても戻らないため画質が劣化します。スマートオブジェクトを使って間接的にサイズ変更を行えば、劣化を防ぐことができます。

元データ

縮小 ≫　拡大 ≫

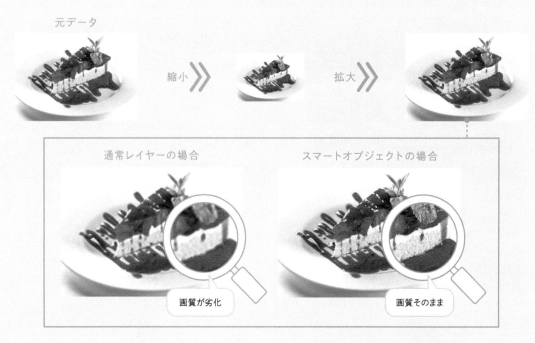

通常レイヤーの場合　　　スマートオブジェクトの場合

画質が劣化　　　画質そのまま

「スマートオブジェクト」の概要
スマートオブジェクトとは、制作しているデータの中に別のデータを読み込んで表示している「リンク」（P.150）と似た機能。ただし、リンクのように外部に別ファイルがあるわけではなく、データの中に保存されている。制作しているデータを「親」、スマートオブジェクトを「子」とすると、親データの中でいくら大きさを変更しようとも、子データ自身が変更されているわけではないので、縮小による画質劣化が起こらない。

PSDデータ

親データ　　　　　子データ（スマートオブジェクト）

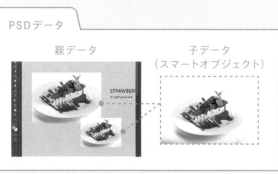

How To 操作方法

● スマートオブジェクトの基本操作

ストロベリーケーキ.psd

・ 配置方法

配置先のPSDデータを開いておく。配置したい画像をウィンドウ上にドラッグ＆ドロップ。

サイズを調整して [return] キーで決定。自動的にスマートオブジェクトとして配置される。　Win [Enter] キー

> レイヤーサムネイルにスマートオブジェクトのマーク❶が付く。

・ 通常レイヤーから変換

変換したいレイヤー上で右クリック。「スマートオブジェクトに変換」❷をクリック。

> 通常レイヤーなら内容が画像以外でも変換可能。イラストなどでも役立つ。

・ ラスタライズ（解除）

該当レイヤー上で右クリック。「レイヤーをラスタライズ」❸をクリック。

> **ラスタライズとは**
>
> ラスターデータ化すること。データが軽くなるが、一度ラスタライズすると戻れないので、修正の可能性があるうちは要注意。

● スマートオブジェクトの編集

とっても便利ですよ

> **スマートオブジェクトの上手な使い方**
>
> ①画像を差し替えたいとき、位置やサイズはそのままで画像の内容だけを変更できる。②複数配置した画像を全て修正（色変えなど）したいとき、ソースが1つなので修正が1回で済む。

レイヤーサムネールのスマートオブジェクトのマーク❹をダブルクリック。別ウィンドウが開き編集が可能になる。編集、保存後ウィンドウは閉じてOK。配置先のデータに編集内容が反映される。

Q. オブジェクトを
きれいに<u>並べる</u>
方法は?

A. <u>スマートガイド</u>や
<u>スナップ機能</u>が便利

デザインにおいて「揃え」は基本中の基本。
オブジェクト整列は高頻度で発生する作業です。便利な機能を有効活用しましょう。

スマートガイド(ピンクのラインと数値)　　　　　　　スナップ機能

移動距離やオブジェクト同士の間隔がわかる　　　　　ガイドや別オブジェクトを基準に整列できる

なぜ…?オブジェクトが掴めない!

オブジェクトが選択できない、移動ができないといったときは、
以下を疑ってみましょう。

- ・移動ツールが選択できていない
- ・別のレイヤーを選択している
- ・マスクレイヤーを選択している
- ・レイヤーにロックがかかっている

レイヤーを要チェック

How To 操作方法

● スマートガイドの基本操作

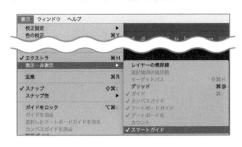

オンにしておけばオブジェクト
移動時に自動的に数値などが
表示される。

・ オン／オフ

メニューバーの［表示］→［表示・
非表示］→［スマートガイド］を
クリック。

必要に応じてオン／オフ切り替え

作業内容によってはスマートガイドの表示やスナップの吸着が邪
魔になることも。オン／オフを切り替えて効率を上げよう。

● スナップ機能の基本操作

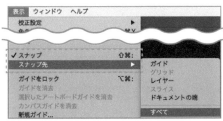

・ オン／オフ

メニューバーの［表示］→［ス
ナップ］にチェック。［スナップ
先］→［すべて］をクリック。

特定の対象にだけ吸着させた
い場合は、スナップ先を該当
する項目だけ選択。

・ ガイドにスナップ

移動ツールで任意のオブジェクト
をドラッグ。あらかじめ引いてお
いたガイドに近づくと自動的に吸
着する❶。

・ レイヤーにスナップ

移動ツールで任意のオブジェクト
をドラッグ。別オブジェクトの配
置位置の延長線上に近づくと自
動的に吸着する❷。

文字をど真ん中に
置きたいとき
などに便利です

！ 選択範囲が優先基準になる
選択範囲を取った状態で整列を行う
と、選択範囲が揃えの基準になる。カ
ンバスを基準にしたい場合は［⌘＋A］
キーで全選択すればOK。

Win ［Ctrl+A］キー

● 複数レイヤーの整列

等間隔配置（垂直方向基準）　　等間隔配置（水平方向基準）

左揃え　　　右揃え　　　上揃え　　　下揃え
中央揃え（水平方向基準）　中央揃え（垂直方向基準）

整列させたい複数のレイヤーを選
択。移動ツールを選択。オプショ
ンバーに整列のボタンが表示され
る。任意のボタンをクリックで整
列実行。

Q. オブジェクトを
コピーしたい！

A. レイヤーを複製、
またはレイヤー内で複製

DL

操作自体は簡単ですが、いつの間にかレイヤーが増えて収拾がつかなくなったり、
意図しないレイヤー上にペーストしてしまうなどのミスが起こりやすいので注意しましょう。

例. コピーレイヤーが大量発生

グループ化したり、分ける必要のないレイヤーは結合して整理する。

例. ペーストミス

常にレイヤーを見ながら作業。触りたくないレイヤーはロックしておくのも◎

How To 操作方法

● レイヤーごと複製

コピーしたいレイヤーを選択し、[⌘＋J] キーを押す。元のレイヤーの上に「（元レイヤー名）のコピー」というレイヤー名で複製される。

Win [Ctrl+J] キー

● レイヤー内の一部を複製

・ 新規レイヤーに複製

複製したい範囲を任意の選択
ツールで選択。

図ではなげなわツールを使用。

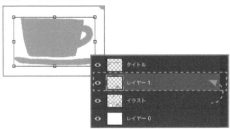

[⌘ + J] キーで元と同じ位置に、
[⌘ + C] → [⌘ + V] キーで違う
位置に複製。元のレイヤーの上
に、選択した部分のみを複製し
た新規レイヤーが作成される。

Win [Ctrl+J] キー
Win [Ctrl+V] キー

・ 同一レイヤー内に複製

複製したい範囲を任意の選択
ツールで選択。

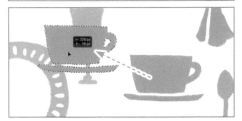

移動ツールを選択し、マウスポ
インターを選択範囲内に移動。
[option] キーを押してカーソル
が黒と白の矢印❶に変化したら、
キーを押したままコピーしたい場
所にドラッグ。[⌘ + D] キーで選
択を解除。

Win [Alt] キー

Win [Ctrl+D] キー

！ 別オブジェクトに重ねない
同一レイヤーのため、別オブジェクト
の上に重ねてしまうと下のオブジェク
トを消してしまうことになる。

ドキュメントサイズが同じファイ
ル同士なら [shift] キーを押し
ながらドロップで、元データと
同じ位置に配置。

● 別データにコピー

コピー元と配置先、両方の PSD
データを開いてウィンドウを並べ
ておく。コピーしたいレイヤーま
たは選択範囲を別データのウィン
ドウ上にドラッグ & ドロップ。

使い○して
楽しましょう

Q. 文字や図形に
縁や影を付けたい

A. レイヤースタイルで
装飾しよう

DL

レイヤースタイルは、元データを保持したまま間接的に加工を施す機能です。
縁や影を付ける以外にも、立体表現や色付けなどが手軽にできます。

HAPPY
MOTHER'S
DAY
Thank you Mom!

HAPPY
MOTHER'S
DAY
Thank you Mom!

> 文字だけじゃなく写真や塗りつぶしなど、
> どんなレイヤーでもOK。

このあたり
よく使います

●レイヤースタイルダイアログ

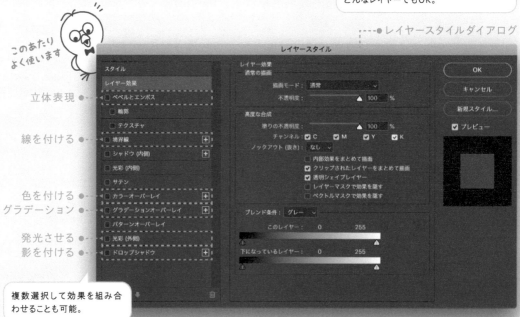

立体表現 ●

線を付ける ●

色を付ける ●
グラデーション ●

発光させる ●
影を付ける ●

> 複数選択して効果を組み合
> わせることも可能。

How To　操作方法

● レイヤー効果の基本操作

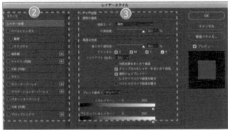

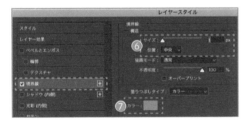

・ レイヤー効果の追加

レイヤーパネルで、効果を適用したいレイヤー横の余白❶をダブルクリック。レイヤースタイルのダイアログが表示される。「スタイル」❷から適用したい効果にチェックを入れる。右側❸で詳細設定をする。右上の[OK]をクリック。

・ 適用後の編集

レイヤーパネルの効果名❹をダブルクリック。

> 効果名がないときはレイヤー右端の「∨」をクリックで展開。

・ 効果の非表示／表示

効果名左の、目のアイコン❺をクリック。

> 右側にあるプレビューにチェックを入れると、仕上がりが確認できる。

● 「境界線」で縁を付けるときの設定

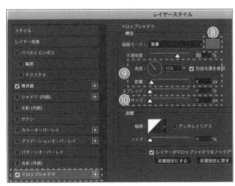

「構造」❻内、「サイズ」で縁の太さ、「位置」で縁の付け方を指定。

カラー❼をダブルクリックして任意の色を選択。

● 「ドロップシャドウ」で影を付けるときの設定

右側の「構造」内の「カラー」❽、「角度」「距離」❾、「サイズ」❿を指定。

> 「角度」…影の向き
> 「距離」…シャドウの長さ
> 「サイズ」…ぼかし具合

ダイアログ右上の[OK]をクリック。

Q. 乗算、オーバーレイ… 描画モードって何?

A. レイヤー同士を合成できる加工機能

難しく聞こえますが、使いこなせればデザイン表現の幅がグッと広がります。
ここではよく使う3つの描画モードを紹介します。

─●描画モード

Aの描画モードの設定により、Bの見え方が変化する

Aの色味も影響しますよ

●A

●B

乗算
使用例：無着色の画像に着色するなど

- ・重ねるほど暗くなる
- ・白を重ねてもBは変化しない
- ・黒は重ねても黒のまま

スクリーン
使用例：画像を一段階明るくするなど

- ・重ねるほど明るくなる
- ・黒を重ねてもBは変化しない
- ・白は重ねても白のまま

オーバーレイ
使用例：画像にテクスチャを乗せるなど

- ・コントラストが強くなる
- ・Bの暗い部分は乗算、明るい部分はスクリーンで表現

● 無彩色の画像に着色する

画像の着色したい部分を任意の選択ツールで選択。

> 画像がグレースケールの場合はカラーモードを CMYK か RGB に変更（方法は P.039）。

> 選択範囲の取り方は P.058。

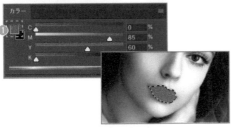

カラーパレットで描画色❶を着色したい色に設定。画像の上に新規レイヤーを作成。[option + delete] キーを押すと選択範囲が描画色で塗りつぶされるので、[⌘ + D] キーで選択解除。

Win [Alt+Delete] キー

Win [Ctrl+D] キー

> できる人はブラシツールなどで着色してもOK。

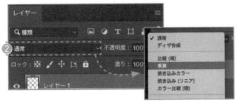

塗りつぶしたレイヤーを選択し、レイヤーパネルの描画モードのプルダウン❷からいずれかを選択。

> 今回は自然な仕上がりになるよう元画像の色味になじませたいので「乗算」を選択。

▶

どれがしっくりくるか試してみましょう

描画モードの選び方

・元画像になじむように着色したいとき → 乗算
・元画像より明るい色で着色したいとき → スクリーン
・コントラストをつけて着色したいとき → オーバーレイ

● テクスチャを乗せる

テクスチャ画像を、テクスチャを乗せたいレイヤーの上にくるように配置。

> 今回はテクスチャの質感が目立つようコントラストをつけたいので「オーバーレイ」を選択。

テクスチャのレイヤーを選択し、レイヤーパネルの描画モードのプルダウンからいずれかを選択。

▶

> レイヤーの不透明度でテクスチャの濃度を調整すると◎

Q. 特色データの作り方は？

A. ダブルトーンとスポットカラーチャンネルを覚えておこう

DL

色々な作り方があるので、まずは印刷所にデータの作り方のルール（印刷機などによる）を確認しましょう。ここでは、知っておくと役に立つ2つの方法を紹介します。

ダブルトーン

スポットカラーチャンネル

How To 操作方法

● ダブルトーンで特色データを作る

[イメージ] → [モード] → [グレースケール]をクリック。画像がモノトーンに変換される。

続けて、[イメージ] → [モード] → [ダブルトーン]をクリック。ダブルトーンオプションのダイアログが開く。

グレースケールデータで入稿すればOK、という場合もある。その場合はここで完了。

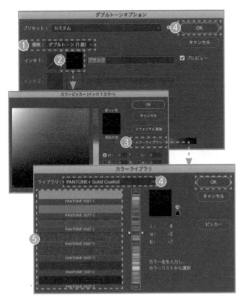

「種類」のプルダウン❶から「ダブルトーン（1版）」を選択。インキ1のカラーボックス❷をクリックし、カラーピッカーを開く。

> 2版～4版は複数色でその色を出したいときに使うがほぼ使わない。

[カラーライブラリ❸] をクリック。「ライブラリ❹」のプルダウンから任意の色見本を選択。その下に表示される特色一覧❺から色を選択。右上の [OK] をクリック。

ダブルトーンオプションのダイアログに戻ったら、右上の [OK] をクリック。画像が自動的に選択した特色に変換される。

> レベル補正のやり方は P.047 へ
> コホン

濃淡を調整してみよう

1番濃くしたい部分がインキ量100％に近づくよう、「レベル補正」を使ってコントラスト調整をすると単色でもメリハリが付き◎

● スポットカラーチャンネルで4C＋特色のデータを作る

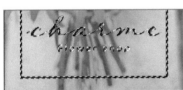

特色でプリントしたい部分を任意の選択ツールで選択。

> 色選びの詳細は上記ダブルトーンと同様。
>
> Win [Ctrl] キー

[⌘] キーを押しながら、チャンネルパレット下部の「新規チャンネルを作成❻」をクリック。新規スポットカラーチャンネルのダイアログが開く。カラーボックス❼をクリックし、任意の特色を選択。

新規スポットカラーチャンネルのダイアログに戻ったら、右上の [OK] をクリック。選択した部分がスポットカラーチャンネルに反映される。CMYKチャンネル❽をクリックして表示を戻し、スポットカラーチャンネルに反映した要素をレイヤー上から削除する。

> 削除しても、スポットカラーチャンネルからは消えない。

Q. 複数データの リサイズや形式変換、 自動でできない?

A. アクションを使って バッチ処理してみよう

あらかじめ保存しておいた動作を自動的に実行する処理方式を「バッチ処理」と言います。
リサイズや形式変換に限らず、基本的にPhotoshopのどんな動作もバッチ処理が可能です。

photo_1.png

photo_2.jpg

photo_3.psd

photo_4.psd

photo_5.png

「画像の中心を基準に正方形にトリミング＋色調補正」という決まった動作を自動で適用。

photo_1.psd

photo_2.psd

photo_3.psd

photo_4.psd

photo_5.psd

How To 操作方法

1. アクションを作成

アクションパネルの「新規アクションを作成❶」をクリックして、ダイアログを開く。

任意のアクション名を設定し、[記録]をクリック。

後で見てもわかる名前にしてくださいね

アクション名は作業内容を示す名前にすると分かりやすい。

記録を開始すると、アクションパネルの「記録開始❷」が赤い丸の表示に変わる。

2. 動作を記録

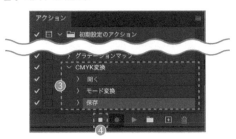

記録したい作業を実行する。ア
クションパネル上で、操作が記録
される❸。作業が終了したらパネ
ル下部の「再生／記録を中止❹」
をクリック。アクションが完成。

! ドロップレットを作る場合
データを「開く」作業から「保存」
するところまでをアクションとして登録
しておく必要がある。（ドロップレット
の詳細説明は P.090。）

● アクションの基本操作

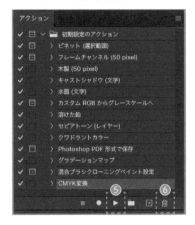

・ 実行

アクションを実行したいデータを
開く。アクションパネルから任意
のアクションをクリックして選択。
「選択項目を再生❺」をクリック。

・ 編集

順序を変更したい場合は、アク
ションパネル上で項目をドラッグ
＆ドロップ。削除したい場合は項
目を選択し「削除❻」をクリック。

アクション名左の「>」をクリッ
クすれば、操作単位で順序変
更や削除が可能。

便利！「イメージプロセッサー」

たくさんのファイルを同じサイズ、同じ形式に統一したいなら
「イメージプロセッサー」が便利。特に縦横の向きが混在し
ているファイル群のリサイズ作業はアクションでは作りにくく、
重宝する。JPEG、PSD、TIFF 形式のいずれか、もしくは
3 種類同時に作成も可能。［ファイル］→［スクリプト］→［イ
メージプロセッサー］で画面を開いたら、①で元画像のフォ
ルダーを選択、②で保存場所を選択、③で作成する画像形
式とサイズを指定して［実行］を行う。③で「サイズを変更
して合わせる」に任意のサイズを指定すると、縦横比は保っ
たまま長辺を指定サイズに自動的にリサイズしてくれる。

SKILL UP! ドロップレットを作ろう

手動でやるのは
ナンセンス

ドロップレットとは、作成したアクションをアプリケーション化したものです。
画像データをドラッグ＆ドロップするだけでアクションを簡単に実行することができます。

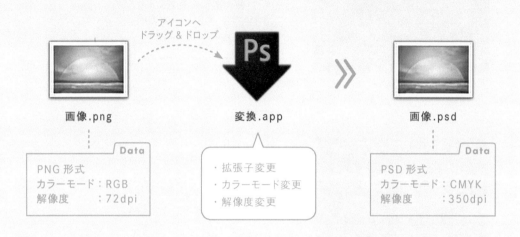

How To　操作方法

1. ダイアログを表示

あらかじめドロップレットにしたい
アクションを作成しておく。

メニューバーから［ファイル］→
［自動処理］→［ドロップレットを
作成］をクリック。

ダイアログが表示される。

データは開いていてもいなくても
無関係なので気にしなくて OK。

2. 設定

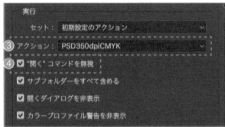

• 保存先の設定

ダイアログ左上の「ドロップレットを保存❶」から、［選択…］をクリック。ドロップレットの名前❷を設定し、任意の保存場所を選択したら［保存］をクリック。

• 実行内容の設定

ダイアログ左の「実行」から、「アクション❸」のプルダウンをクリックし、前もって作成した任意のアクションを選択。「"開く"コマンドを無視❹」にチェック。その他の項目も基本的にチェックでOK。

これに気づけず
くじける新人
多数です…

> **!** アクション内容を確認しよう
> データを「開く」&「保存」の操作がアクションに登録されていないと、正しく実行されないので注意。

• 実行後の設定

「実行後❺」のプルダウンから「フォルダー」を選択。［選択…❻］をクリックし、実行後のデータの保存先を選択。「"別名で保存"コマンドを省略❼」にチェックを入れる。

ダイアログ右上の［OK］をクリック。ドロップレットが作成される。

3. ドロップレットの実行

photo.png　変換.app

ドロップレットアイコンの上に、変換したい画像をドラッグ＆ドロップ。

> **!** 複数データを一括処理
> 複数データを全て選択 or 全てのデータを入れたフォルダごとドラッグ＆ドロップすることも可能。

Q. データを軽くしたい！

A. レイヤー結合、スマートオブジェクトのラスタライズなどが効果的

重くなってしまう原因はデータ内容によってさまざまです。
ここではプロの現場でも起こりやすい例をベースに、いくつかの解決方法を紹介します。

原因	解決方法
Ⓐ 不要なレイヤー	削除する（➡ P.027 へ）
Ⓑ 多すぎるレイヤー数・効果	レイヤーを結合する（➡ P.029 へ）
Ⓒ スマートオブジェクトが重い	ラスタライズする（➡ P.077 へ）
Ⓓ マスクしている画像の不要部分	「レイヤーマスクを適用」で不要部分を削除

How To 操作方法

● レイヤーマスクを適用する

該当のレイヤーを選択。レイヤーマスクサムネイル❶上で右クリックし、プルダウンから「レイヤーマスクを適用」を選択。

! 適用すると元に戻せない
マスクで隠れていた部分が削除され、元の画像の状態に戻ることはできなくなるので注意。

● データ整理しても重い場合

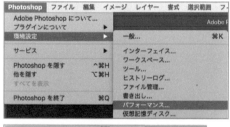

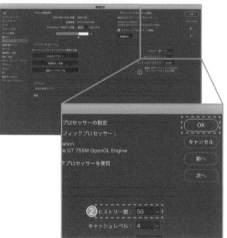

メニューバーから [Photoshop→環境設定→パフォーマンス ...] を選択。ダイアログが表示される。

ヒストリー数❷で、記録する数を現状の数より下に設定。右上の [OK] をクリック。

むやみに減らしてはダメですよ

目安は30程度！

減らしすぎても困るので要注意。Photoshop自体の設定変更なので、他のドキュメント編集時にも適用される。

~イイトコドリ先輩の~
とある1日のスケジュール

 10:00 始業
朝はやる気がみなぎります。

- メールチェック
- タスク管理

 11:00 社内定例会議
週に1度、決まった時間に会議をしています。

- 新規案件の共有
- 進行中案件の進捗確認

←同期

 13:00 ランチ
同期と一緒に行きつけの定食屋さんへ。

 14:30 取引先とのWeb会議
先方の会社へ出向くこともありますが、
最近はリモートが増えてきました。

- 新規案件のヒアリング
- スケジュール確認

 15:30 作業
ベテランなので後輩の指導も行います。

- 後輩のデザインチェック
- デザイン作業

 17:00 市場調査（外出）
実際に足を運んで市場をチェックします。

- 新規案件に関する調査
- 参考物の購入

 19:30 直帰
今日は会社に戻らずそのまま帰ります。

おつかれさまでした。
明日も頑張ります！

Section2

Illustrator

Ai Illustratorのワークスペース

全体の作りはほとんどPhotoshopと同じと考えてOK。
パネルの並び順をPhotoshopと揃えておくと、迷わず作業ができるのでおすすめです。

コントロールパネル

アートボード

ツールバー　　　　　ドキュメントウィンドウ　　　　　パネル

イラしあるある！変な表示になっちゃった！？

作業中にショートカットキーを押し間違えて謎のグリッドが出現！ しかも直し方がわからない！ というありがちうっかり事例。例えば［⌘＋shift＋I］キー（ Win ［Ctrl+Shift+I］キー）を押すと「遠近グリッド」が出現します。大体の"変な表示"はメニューバーの［表示］から非表示にすることができるので、焦ってデータを消してしまったりせず、落ち着いてチェックしてみよう。

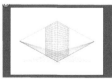

遠近グリッド

How To 操作方法

● ツールバーの基本操作

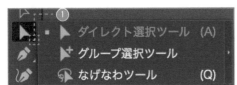

・格納ツールを表示する
アイコン左下に三角マーク❶のあ
るツールボタンを長押し。格納さ
れている関連ツールアイコンが表
示される。

> ！ ツールバーが消えちゃったら!?
> メニューバーから [ウィンドウ→ツー
> ルバー→基本] を選択で再度表示。

● パネルの基本操作

> ！ ツールもパネルも消えたら!?
> [Tab] キーを押して再度表示。

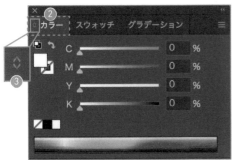

・移動
パネルのタブ❷をドラッグ＆ドロッ
プ。

・各タブのサイズ変更
タブの左端の ∧ ∨ マーク❸をク
リック。クリックする毎に2〜3段
階のサイズ変更が繰り返される。

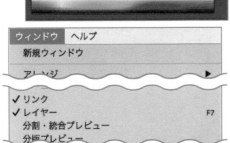

> 小さい表示になっているとき、
> 一部の機能は隠れている状態。

・表示／非表示
メニューバーから [ウィンドウ] を
クリック。パネル名をクリックで
ワークスペース上に表示。再度ク
リックで非表示。

> パネル名左側にチェック付き＝
> 現在表示されているパネル。

● ウィンドウの表示モードを切り替え

[F] キーを押す。押す毎に標準ス
クリーンモード→メニュー付きフ
ルスクリーンモード（全画面表示）
→フルスクリーンモード（ドキュ
メントウィンドウのみの全画面表
示）の順に繰り返し切り替わる。

左ページの画面は
標準スクリーンモード
です

Q. アートボードサイズ の決め方は?

A. 基本は 仕上がりサイズでOK

アートボードサイズよりも注意したいのが「裁ち落とし」設定です。
よくわからないからと蔑ろにしてしまうと、ミスに繋がるのでしっかり理解しておきましょう。

● 新規ドキュメント作成のダイアログ

● サイズ

● 裁ち落とし

● カラーモード

赤が裁ち落としライン。端で
断ち切れるオブジェクトはここ
まではみ出して配置しよう。

📖 裁ち落としとは

印刷用データで必要な部分。実際の仕上がりサ
イズより一回り大きくデータを作っておくことで、
紙の断裁ずれが起きても不自然にならないよう
にする処置。ほとんどの場合 3mm で OK。

How To 操作方法

● 新規作成の基本操作

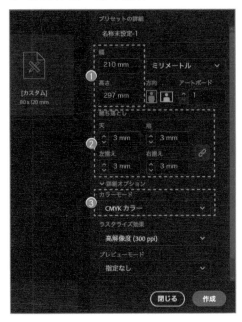

解像度がない？！

Illustratorの基本であるベクターデータには解像度の概念が
ないため、設定の項目も存在しない。

[⌘＋N]キーを押して新規ドキュ
メントのダイアログを表示。

 [Ctrl+N] キー

ダイアログ右側の「プリセットの
詳細」を確認。制作物に合わせ
て、幅と高さ①、裁ち落とし②を
入力。

ココ、
大事です

裁ち落としは印刷物は基本
3mm。印刷しないデータは
0mmでOK。

カラーモード③をプルダウンから
選択。

右下の［作成］をクリック。

● 作成後の変更

• アートボードサイズ

データを開いた状態で［shift ＋
O]キーを押すと、コントロールパ
ネルにアートボードサイズが表示
される。Wに幅、Hに高さを入力。

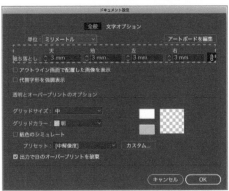

• 裁ち落とし設定

[⌘＋ option ＋P]キーを押し、
ドキュメント設定のダイアログを
表示。裁ち落としの幅を変更し、
右下の[OK]をクリック。

 [Ctrl+Alt+P] キー

! 赤いラインが表示されない
アートボードに裁ち落としラインが表
示されない場合は［⌘＋;］キーを押す。

 [Ctrl+;] キー

SKILL UP! 複数アートボードで効率UP

デザインのバリエーション違いを作成したいときなどに便利な複数アートボード。
単一のアートボードで作成したデータを途中から複数にすることも可能です。

ナイス!

How To 操作方法

● パターン①:新規作成時に設定する

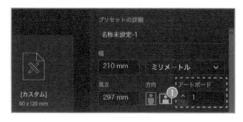

新規作成ダイアログのアートボー
ド数❶で任意の数に設定。

● パターン②：ドキュメント作成後にアートボードを増やす

ツールバーからアートボードツールを選択。ウィンドウ左上に「アートボード❷」と表示され、アートボード編集用画面に切り替わる。

コントロールパネルの+マーク❸をクリック。最初に作成したアートボードと同サイズのアートボードが右横に作成される。

> サイズを変えることも可。やり方は通常のアートボードと同じ（P.099）。

● パターン③：アートボード内のオブジェクトごと複製する

アートボードツールを選択した状態で、コントロールパネルの❹をクリックしてON（色が濃くなっている状態）にする。[option] キー　Win [Alt] キーを押しながら、複製したいアートボードをドラッグ＆ドロップ。

> [shift] キーを押しながらドラッグで平行に移動。

> ❗ ロックは全て外してから
> ロックされているレイヤーやオブジェクト、ガイドは複製されないので注意。

Q. レイヤーは どんな風に使えば いい?

A. オブジェクトを 整理するための入れ物 として使おう

Illustratorでは、1レイヤーに複数のオブジェクトを含むことができます。
Photoshopのレイヤーとは少し作りが違うので、注意しましょう。

● アートボードでの見え方

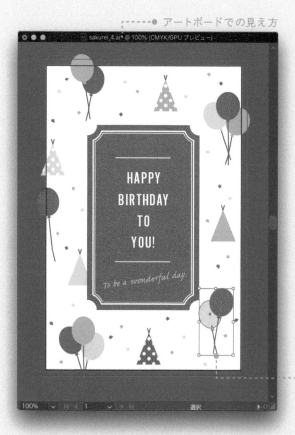

「文字」というレイヤーの中に二つのテキストオブジェクトが含まれている状態。

● レイヤーパネル

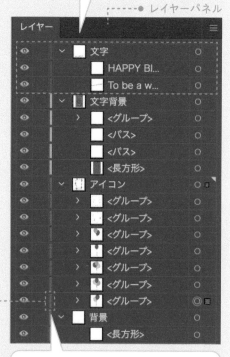

各レイヤーグループごとにカラーを変更できる。オブジェクトを選択するとバウンディングボックスがその色で表示され、どのレイヤーのオブジェクトかわかりやすい。

How To 操作方法

● レイヤーの基本操作

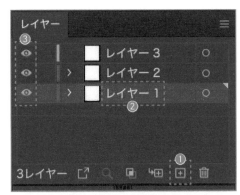

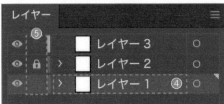

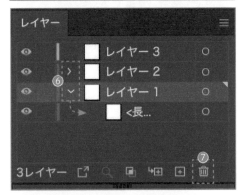

レイヤーは手動管理

Photoshopではオブジェクトごとにレイヤーが自動作成されるが、Illustratorでは手動で作成しない限り増えない。

• 新規レイヤー追加

レイヤーパネル下部の「新規レイヤーを作成❶」をクリック。

• レイヤー名変更

レイヤー名❷をダブルクリック。

• 表示 / 非表示

各レイヤー左側の目のアイコン❸をクリック。

[⌘] キーを押しながらクリックで複数レイヤーを選択。

Win [Ctrl] キー

• 選択

各レイヤーの点線内❹をクリック。色が変わったら選択状態。

• ロック / ロック解除

目のアイコンの右隣の空間❺をクリック。ロック時は鍵マークが表示される。

整理しながら作業するのですよ〜

パタ パタ

• 重ね順の変更

該当レイヤーを移動したい場所までドラッグ & ドロップ。

• レイヤー内容を表示

レイヤー名左にある [>]❻をクリック。

レイヤー内に含まれたオブジェクトを確認することができる。

• 削除

該当レイヤーを選択。レイヤーパネル下部の「選択項目を削除❼」をクリック。

• レイヤー移動

移動したいオブジェクトをアートボード上で選択。オブジェクトがあるレイヤーに印❽が付く。印を移動したいレイヤーにドラッグ&ドロップ。

Q. ガイドって必要？

A. 自由な形状で作れて定規としても役立つ

まっすぐだけじゃ
ないんですよ

水平・垂直に引くことはもちろん、
オブジェクトや文字の形をそのままガイドにすることもできます。

●ガイド（水色ライン全て）

ガイドは Illustrator で開いたときのみ
見えるもので、完成データには影響しない。

How To 操作方法

[水平・垂直のガイドを作成]

● **1.** 定規を表示

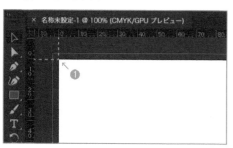

[⌘＋R] キーを押し、ドキュメントウィンドウに定規を表示。

Win [Ctrl+R] キー

合っていない場合は、上の定規と左の定規の交点をダブルクリック。

上＆左の定規の始点がカンバスの左上❶に合っているか確認。

● 2. ガイド作成

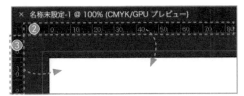

定規部分（点線内）をクリックしながらドラッグし、配置したい場所で離す。横ラインは上の定規❷から、縦ラインは左の定規❸から作成可能。

[自由な形状のガイドを作成]

図形の作り方は P.110、自由な形状のパスの作り方は P.118 へ。

パス（赤いライン）

ガイドにしたい形状の図形またはパスを作成。そのまま [⌘＋ 5] キーを押す。

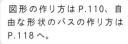 Win [Ctrl+5] キー

パスがガイドに変換されたら色が水色に変わる。

● ガイドの基本操作

• 移動
[V] キーを押して選択ツールに切り替え。該当ガイドをドラッグ❹ 。

• 削除
選択ツールで該当ガイドをクリックして選択。[delete] キーを押す。

選択すると色が変わる。

• ロック / ロック解除
[⌘＋ option ＋ ;] キーを押して切り替え。

Win [Ctrl+Alt+;] キー

• 表示 / 非表示
[⌘＋ ;] キーを押して切り替え。

Win [Ctrl+;] キー

• ガイドをパスに変換
[⌘＋ option ＋ 5] キーを押す。

Win [Ctrl+Alt+5] キー

Q. トンボはどうやってつけるの?

A. 「トリムマークを作成」で自動でつけられる

トンボとは仕上がりサイズの外側につく断ち落とし用のマークのこと。基本はドキュメントサイズ＝仕上がりサイズになるので作成不要だが、業務によっては必要だったり、少し大きめのドキュメント内に仕上がりサイズのトンボを作成したりすることがある。「トリムマーク」とも呼ばれる。

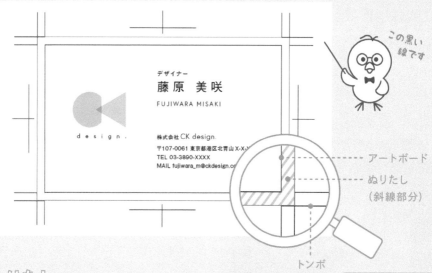

この黒い線です

デザイナー
藤原 美咲
FUJIWARA MISAKI

株式会社 CK design.
〒107-0061 東京都港区北青山 X-X-X
TEL 03-3890-XXXX
MAIL fujiwara_m@ckdesign.co

アートボード

ぬりたし
（斜線部分）

トンボ

📖 ぬりたしとは

断ち落としの範囲まで色やデザインを余分に作ること。

📖 レジストレーションとは

C100% M100% Y100% K100%の色のこと。印刷ではC版、M版、Y版、K版と別々に印刷され、トンボで位置合わせをしている。そのためトンボはすべての版に100%の濃さで印刷されるレジストレーションで作られる。

トンボはレジストレーションで塗られている状態になる。

カラー

T ———————— 100 %
[レジストレーション]

How To 操作方法

● 1. 準備

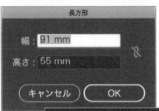

● 2. トリムマーク（トンボ）を作成

「トンボレイヤー」を作ろう！
他のデザイン要素とレイヤーを分けておくことで、作業中の意図しない移動や削除、サイズ変更などのミスを防止する。

トンボ用に新規レイヤーを作成。

[M] キーを押し、画面上で一度クリック。長方形ツールのダイアログが表示されるので、仕上がりサイズを入力し [OK] をクリック。長方形（ここでは名刺のサイズ）が作成される。

> 選択の方法は [V] キーを押して選択ツールに切り替え、該当オブジェクトをクリック。

長方形を選択した状態で、カラーパネル左側の塗りと線のアイコン❶をそれぞれクリックし、いずれも「なし❷」に設定。

> 赤い斜線が入れば「なし」に設定されている。カラーパネルの詳細は P.128 参照。

コントロールパネルのプルダウン❸から「アートボードに整列」をクリックし、整列の基準を設定。水平方向中央＆垂直方向中央に整列をクリック。

> アートボードが仕上がりサイズの場合は、長方形とアートボードがぴったり重なる。

長方形を選択した状態で、メニューバーから [オブジェクト→トリムマークを作成] をクリック。トンボが作成される。

> アートボードの外にある状態。

❗ 長方形に対して作成される
長方形のサイズや位置を変えるとトンボも一緒にサイズ、位置が変わる。

ここまでできたらトンボレイヤーはロックです！

Q. 保存するときの データ形式は?

A.

基本は…
Illustrator形式

入稿時は…
PDF形式を使うことも

Photoshop同様Illustratorの保存形式にもたくさんの選択肢があります。
まずは使用頻度の高い2つを覚えましょう。

●----- 保存のダイアログ

まず覚えたいのは下線の2種。

使うものだけ
知っていれば
いいんです

	保存形式名（拡張子）	特徴
とにかくまずは どんなデータも！ **作業途中！**	Adobe Illustrator (ai)	◎ 全ての情報を保持したまま保存可能 △ データ量が重い ✕ Illustrator でしか開けない・見られない
Illustratorが 使えない人に デザインを見せたい！ **PDF形式で 入稿指定された！**	Adobe PDF (pdf)	◎ Illustrator を持っていなくても見られる ◎ 目的に合わせてデータ量を調整できる ✕ Illustrator で再編集できなくなる要素 が出る

使いわけが大事です

> PDF 保存はよく使うので、PDF 保存ダイアログに出てくるプリセットの特徴を覚えておこう。

よく使うPDFプリセット

Illsutrator 初期設定	デフォルト設定。特に指定がない場合これで OK。
高品質印刷	レーザープリンターなどで印刷が想定される場合。
最小ファイルサイズ	とにかくデータ容量を抑えたい場合。画像は荒れる。
PDF/X-1a:2001	印刷入稿用。印刷会社によって、X-3 や X-4 の指定があることもある。

How To 操作方法

● 保存の基本操作

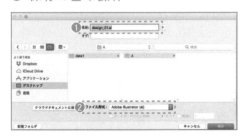

・初回の保存

[⌘ + S] キーを押す。ダイアログが表示される。名前を入力❶し、保存場所を選択。「ファイル形式」のプルダウン❷から形式を選択。右下の [保存] をクリック。

> Win [Ctrl+S] キー

> 一度保存したデータを上書き保存するときも [⌘ + S] キー。

・別名保存

[shift + ⌘ + S] キーを押す。元データとは違う名前を入力❶し、「ファイル形式」のプルダウン❷から形式を選択。[保存] をクリック。❸

> Win [Shift+Ctrl+S] キー

Q. 線や図形を
描く方法は?

A. 直線ツール、
図形ツールを使おう

線、円、多角形、星型などの基本的な図形はツールで簡単に描くことができます。
線や図形を組み合わせれば、イラストやフレームなどを作ることも可能です。

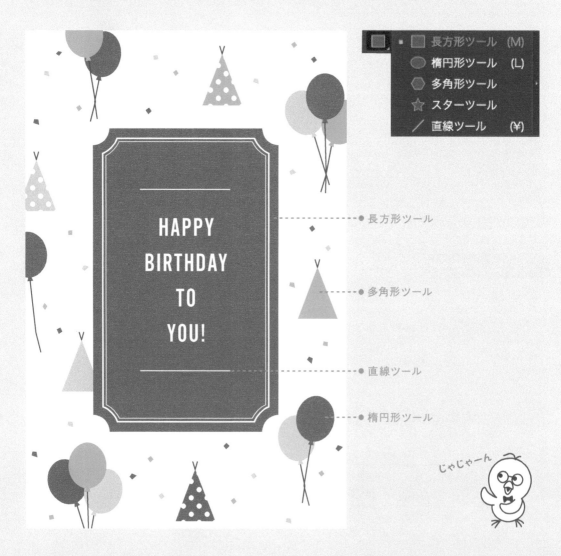

☐	長方形ツール (M)
⬭	楕円形ツール (L)
⬡	多角形ツール
☆	スターツール
／	直線ツール (¥)

HAPPY
BIRTHDAY
TO
YOU!

● 長方形ツール

● 多角形ツール

● 直線ツール

● 楕円形ツール

じゃじゃーん

How To 操作方法

[直線の描き方]

● 直線ツールの基本操作

[¥] キーを押して直線ツールに切り替える。アートボード上でドラッグ。任意の長さで離す。

> [shift] キーを押しながらドラッグで、水平・垂直・45度の線が引ける。

● 線パネルの基本操作

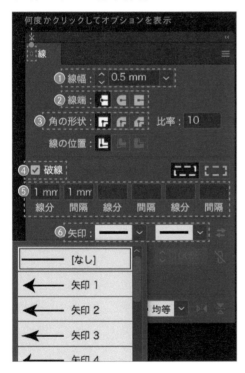

選択ツールでオブジェクトを選択しておく。

> 色の変更方法は P.128 へ。

• 線幅
線幅❶のプルダウンから任意の太さを選択、または数値を入力。

• 線の端の形
線端❷から任意の形をクリック。

• 角の形
角の形状❸から任意の形をクリック。

> カクッと曲がった線や四角形など、角があるものに影響。

• 破線にする
チェックボックス❹にチェックを入れると破線が適用される。線分と間隔の幅❺を入力して調節。

• 矢印にする
矢印のプルダウン❻から任意の形状を選択。

線だけでこんなに色々できるなんて…

> 左のプルダウンは線の始まり側、右は線の終わり側の設定。どちらか一方だけ適用することも可能。

How To 操作方法

[図形の描き方]

● 図形ツールの基本操作

・手動で作成

任意の図形ツール（図は長方形ツール）を選択。アートボード上でドラッグ。

> [shift] キー＋ドラッグで縦横比を等倍で作成。

・数値入力して作成

任意の図形ツールを選択。アートボード上で一度クリック。ダイアログが表示される。サイズを入力し、[OK] をクリック。

● 角の設定

> 図形そのもののサイズ変更などは P.142 を参照。

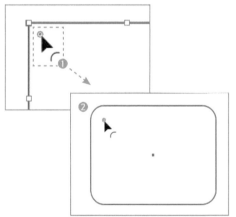

・手動で丸くする

[V] キーで選択ツールに切り替え、作成した図形を選択。

図形の角に◎（コーナーウィジェット）が表示され、マウスポインタを合わせると❶のように変化する。クリックしながらコーナーウィジェットを図形の内側にドラッグすると、全ての角が丸くなる❷。

・形状選択と数値指定

図形を選択後、[A] キーを押しダイレクト選択ツールに切り替える。画面上部のコントロールパネルに表示される [コーナー❸] をクリックし、詳細設定を表示。「コーナー❹」で任意の形状を選択。「半径❺」でサイズを調整。

● パスのオフセットで二重の図形を作る

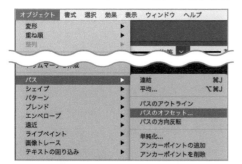

図形を選択した状態で、メニューバーから［オブジェクト→パス→パスのオフセット］を選択。パスのオフセットダイアログが表示される。

> 頭に「-」をつけると、元の図形より小さい図形を作成することが可能。

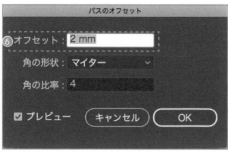

オフセット⑥に任意の数値を入力。［OK］をクリック。

> 元の図形はそのままの状態で残る。

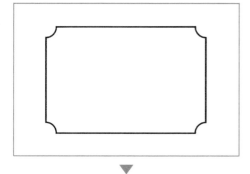

▼

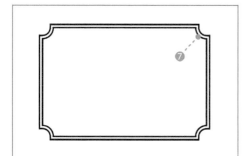

設定した値のサイズで、新規のパスが作成される⑦。

実際に拡大縮小して比べてみましょう

「拡大縮小」と何が違うの？

オフセットは単純に図形全体を拡大縮小するわけではなく、元のパスから一定の距離に新規でパスを作成できる。

SKILL UP! 効果を使ってアレンジしよう

ツールで作った図形をベースに、簡単なアレンジをしてみましょう。効果とアピアランスパネルを使えば、元のパスの情報を保ったまま間接的に加工を施すことができます。

波線　　扇型

効果は見せかけの形で、見た目は扇型になっても、パスは長方形のまま。アピアランスパネルから効果を調整することができる。

How To　操作方法

● 扇型を作る

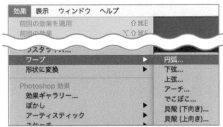

長方形ツールで任意の長方形を作成し、選択。メニューバーから[効果→ワープ→円弧…]を選択。ワープオプションダイアログが表示される。

水平方向にチェックを入れ、「カーブ」のポインタを右側に移動。[OK]をクリック。

プレビューにチェックを入れて具合を見ながらカーブを調整すると◎

● 波線を作る

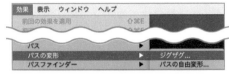

直線ツールで線を作成し、選択。メニューバーから [効果→パスの変形→ジグザグ…] を選択。ジグザグのダイアログが表示される。

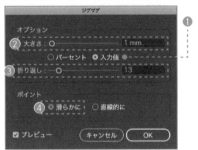

入力値❶にチェックを入れ、大きさ❷で波の幅、折り返し❸で波の数を設定。「滑らかに❹」にチェックを入れる。[OK] をクリック。

> 「直線的に」を選ぶと丸みのないギザギザの波線になる。

> **!** メニューバーからの再選択は×
> 同じ効果をメニューバーから再度適用すると、元の効果の上から二重に適用されてしまうので注意。

● 効果の基本操作

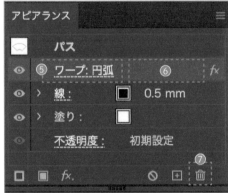

• 適用済効果の再編集

該当のオブジェクトを選択。アピアランスパネルに効果名❺が表示される。クリックでダイアログが表示され、編集が可能。

• 解除

アピアランスパネルで効果名横の空きスペース❻をクリック。ゴミ箱マーク❼をクリック。

• アピアランス分割

該当のオブジェクトを選択。メニューバーから [オブジェクト→アピアランスを分割] をクリック。

トリあえずやってみればわかります

> **アピアランス分割とは？**
> 効果はあくまで見せかけ(＝アピアランス)の擬似的な加工。アピアランスを分割すると、効果ではなく実際にパスの形状が変形した状態になる。効果のままだと別のパソコン環境で見た目が変わってしまう恐れがあり、分割した方が安全。

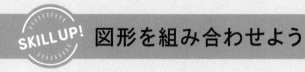

図形を組み合わせよう

パスファインダーを使うとパス同士をくっつけたり、くりぬいたりすることができます。
イメージした形を思い通りに再現するために、覚えておくと役立ちます。

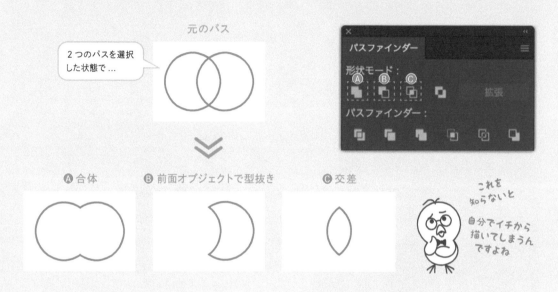

元のパス

2つのパスを選択
した状態で…

Ⓐ合体　Ⓑ前面オブジェクトで型抜き　Ⓒ交差

これを
知らないと
自分でイチから
描いてしまうん
ですよね

How To　操作方法

● パスファインダーの基本操作

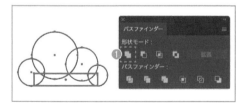

・適用
選択ツールで、[Shift] キーを押
しながら該当パスを全てクリック
して複数選択。

または選びたいオブジェクトよ
り少し外側の範囲をドラッグし
て一気に複数選択。

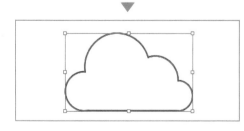

パスファインダーパネルで任意の
処理をクリック（今回は [合体
❶]）。それぞれのパスはなくな
り、新たな1つのパスに変化する。

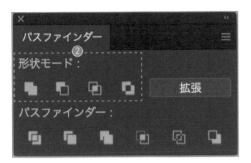

• 複合シェイプを作成

該当パスを複数選択。[option] キーを押しながら、アピアランスパネルの「形状モード」のいずれか❷をクリック。

> パネル下段の「パスファインダー」は選択不可。

Win [Alt] キー

> 複合シェイプとは？
> 元のパスの情報を保持したままで組み合わせることができる機能❸。ダイレクト選択ツールで個別に移動・変形も可能。

未選択時の見え方

選択時の見え方

• 複合シェイプを解除

作成した複合シェイプを選択。パスファインダーパネル右上❹をクリックし、プルダウンから「複合シェイプを解除」をクリック。

> バラバラのパスに戻る。

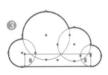

• 複合シェイプを拡張

作成した複合シェイプを選択。パスファインダーパネルの [拡張]❺をクリック。

> ❗ 拡張後は再編集不可
> 通常のパスファインダーのように、完全に1つのパスに変化する。

● 吹き出しを作る

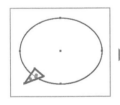

楕円と三角形を作成し、一部が重なるよう配置。選択ツールで2つを選択。パスファインダーパネル「形状モード」の [合体] を適用。

> オブジェクトの上下関係が、結果に影響するので要注意。

● 月を作る

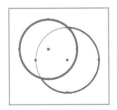
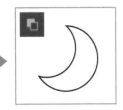

正円を2つ作成。残したいパスが下にくるように円を重ね、ずらして配置。選択ツールで2つを選択。パスファインダーパネル「形状モード」の [全面オブジェクトで型抜き] を適用。

Q. 自由な形で曲線やイラストを描きたい！

A. ペンツールを使おう

ペンツールを使えばさらに自由なラインを描くことができます。
使いこなすには慣れが必要なので、とにかく手を動かして練習してみましょう。

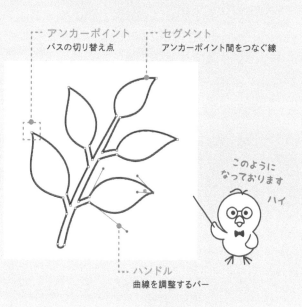

アンカーポイント
パスの切り替え点

セグメント
アンカーポイント間をつなぐ線

ハンドル
曲線を調整するバー

このように
なっております

ハイ

How To 操作方法

● ペンツールの基本操作

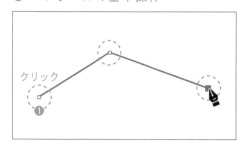

クリック

①

・直線の描き方

[P] キーを押してペンツールに切り替える。クリックで始点のアンカーポイント①を作成。直線を伸ばしたい位置で再度クリック。クリックし続ける限り線が伸びる。描画を終えるときは [return] キーを押す、または他ツールに切り替え。

[shift] キーを押しながらクリックすると、水平・垂直・45度の直線が引ける。

Win [Enter] キー

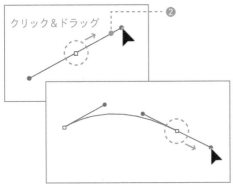

・曲線の描き方

ペンツールを選択中に、クリックしたまま線を引きたい方向へドラッグ。ハンドル❷が表示される。一旦離し、線を伸ばしたい位置で再度クリック＆ドラッグ。ハンドルの方向と角度に合わせて線がカーブする。描画を終えるときは[return]キーを押す、または他ツールに切り替え。

Win [Enter]キー

ハンドルは描画後でも調整が可能。やり方はP.120。

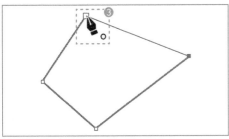

・パスを接続させる（閉じる）

片側にしか線が伸びていないアンカーポイント（始点）にマウスポインタを重ねると、ペンの右下に○❸が表示される。クリックしてパスを接続。

ツールで作った図形なども編集できますよ

ダイレクト選択ツールを使うとアンカーポイント単位での編集が可能。

● アンカーポイントの編集

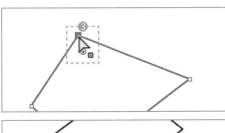

・移動

[A]キーを押し、ダイレクト選択ツールに切り替え。カーソルが白矢印❸になる。任意のアンカーポイントをドラッグ。

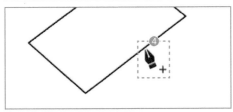

・追加

[shift + ;]キーを押す。カーソル右下に＋が表示された状態❹で、セグメント上の追加したい箇所をクリック。

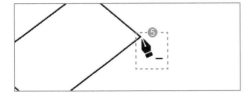

・削除

[-]キーを押す。カーソル右下に－が表示された状態❺で、削除したいアンカーポイントをクリック。

● ハンドルの編集

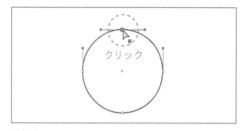

・カーブの調整

[A] キーを押し、ダイレクト選択ツールに切り替え。任意のアンカーポイントをクリックするとハンドルが表示される。

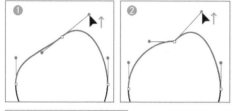

ハンドルをドラッグしカーブを調整❶。反対側のハンドルも一緒に動く。一方のハンドルだけを調整したい場合は、[option] キー Win [Alt] キーを押しながらドラッグ❷。

> [shift] キーを押しながらドラッグすると、45 度刻みで折り曲げることができる。

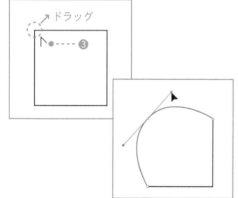

・追加（直線を曲線に変更）

[shift + C] キーを押し、アンカーポイントツールに切り替える。カーソルが❸の状態になる。任意のアンカーポイントをドラッグ。ハンドルが表示され、セグメントが曲線になる。

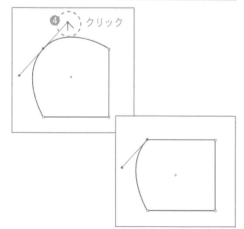

・削除（曲線を直線に変更）

ダイレクト選択ツールでアンカーポイントをクリックしてハンドルを表示。[shift + C] キーを押し、アンカーポイントツールに切り替える。削除したいハンドルの先端❹をクリック。ハンドルが消え、セグメントが直線になる。

[葉っぱの描き方]

● 1. 直線で茎を描く

始点

アンカーポイントを作るポイント

角に曲がる部分と曲線の頂点に作るようにすると調整がしやすく、アンカーポイントの数も抑えられます。

[P] キーでペンツールに切り替え、クリックでアンカーポイントを4つ打つ。

思い通りの曲線を描くコツ

一発で上手く描こうとせず、まずはだいたいの形を作るつもりで。細部はパスを閉じた後に調整したほうがうまくいきやすい。

● 2. 曲線で葉を描く

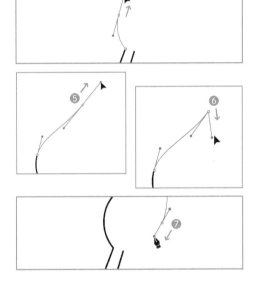

葉の膨らみの山の頂点になる部分でクリック&ドラッグ。曲線の形を見ながらハンドルの向きと長さを決め、離す。

次に葉の尖らせたい部分でクリック&ドラッグ❺。先に打ったアンカーポイントから続く線が緩やかなウェーブになるようハンドルを調整し、離す。[option] キーを押しながら今打ったアンカーポイントをクリック&右下に向かってドラッグ❻。ハンドルが折れ曲がったら離す。

Win [Alt] キー

次に反対側の葉の膨らみの頂点になる部分でクリック&ドラッグ❼。ハンドルを調整し、離す。

● 3. パスを閉じる

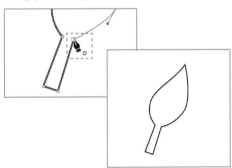

始点のアンカーポイントの上にマウスポインタを持っていき、ペンの右下に○が表示されたらクリック。

ダイレクト選択ツールでハンドルの向きやアンカーポイントの位置などを微調整して完成。

失敗したら高速⌘+Z！

ターンッ

Q. もっと自由に
<u>フリーハンド</u>で
線を描けない?

A.
ブラシツールなら
手描き感覚で描ける

ブラシツールは、感覚的に描いた線に対して自動的にアンカーポイントを作ってくれます。
さまざまなデザインのブラシはワンクリックで簡単に適用できます。

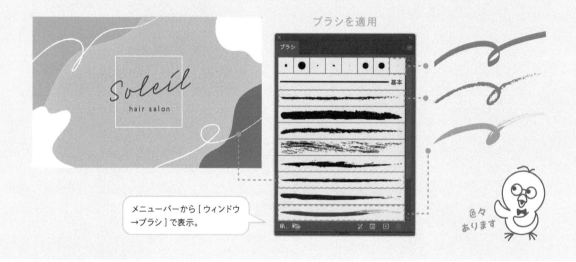

ブラシを適用

メニューバーから [ウィンドウ
→ブラシ] で表示。

色々
あります

How To 操作方法

● ブラシツールの基本操作

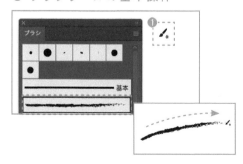

・描く

[B] キーを押し、ブラシツールに
切り替え。カーソルがブラシマー
ク❶になる。ブラシパネルから使
いたいブラシをクリックして選択。
アートボード上でドラッグして描
画。

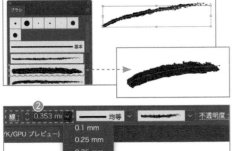

• 描画後のブラシ変更

パスを選択した状態で、ブラシパネルから変更したいブラシをクリック。

> ブラシはペンツールや図形ツールで作成した線にも適用可。

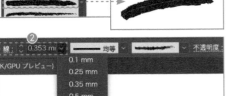

• ブラシの太さを変える

パスを選択し、オプションバーの線❷のプルダウンから任意の太さを選択、または数値入力。

> 色はカラーパネルで変更。詳しくはP.129へ。

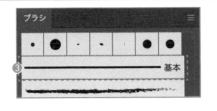

• ブラシの適用をやめる

パスを選択し、ブラシパネルから基本ブラシ❸を選択。通常のパスの状態に戻る。

● ブラシライブラリからリストにないブラシを追加する

ブラシパネル左下のブラシライブラリメニュー❹をクリック。
プルダウンから、任意のブラシテーマを選択。別パネルが開くので、使用したいブラシをクリック。

● 手書き感覚で消す方法

ツールバーから消しゴムツールを選択。カーソルが○❺の状態で、消したい部分をドラッグ。ドラッグした部分消える（パスが切れる）。

> ブラシツール以外で描いた線にも、同じように使うことができる。

Q. 文字の載せ方、設定方法は?

A. 文字ツールで作成、文字パネル&段落パネルで設定しよう

ほぼ復習なので
私は休みますね…

Zz…

文字の扱い方はほとんどPhotoshopと同じです。Illustratorならベクターデータで保存できるので、どんな大きさでも使えるデータが作れます。

Canna
Green & Flower

Canna
Green & Flower

How To 操作方法

● 文字ツールの基本操作

山路を登りながら

・ ポイントテキスト

[T] キーを押し、テキストツールに切り替え。アートボード上をクリックするとサンプルテキストが表示される。そのまま文字を入力。

それぞれの違いや使い分けについては P.066 へ。

・ 段落テキスト

[T] キーを押す。アートボード上で右下に向かってドラッグ。任意のサイズで離すと、サンプルテキストが入った状態のテキストボックスが作成される。そのまま文字を入力。

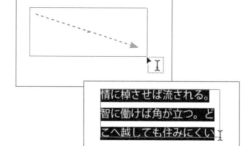

作成後のボックスサイズ変更方法は図形の拡大縮小と同様。詳しくは P.143 へ。

● 文字パネルの基本操作

何度かクリックしてオプションを表示

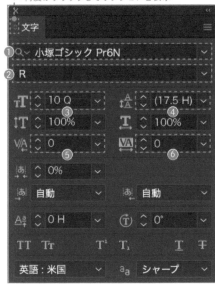

該当のテキストを選択しておく。

> 文字パネルは、メニューバーから[ウィンドウ→書式→文字]で表示。

> 色はカラーパネルで変更。詳しくはP.129へ。

• フォントの変更

プルダウン❶からフォントを選択。プルダウン❷からフォントファミリーを選択。

• 文字サイズの変更

プルダウン❸からサイズを選択、または数値を入力。

• 行間の変更

プルダウン❹からサイズを選択、または数値を入力。

• 字間調整

プルダウン❺からカーニング設定を選択。プルダウン❻からトラッキングの数値を選択。個別に字間を調整したい箇所は[T]キーを押し、クリックでカーソルを挿入❼し、カーニング❺の枠に数値入力。

● 段落パネルの基本操作

右揃え
中央揃え
左揃え
均等配置
（最終行左揃え）
均等配置
（最終行中央揃え）
均等配置
（最終行右揃え）
両端揃え

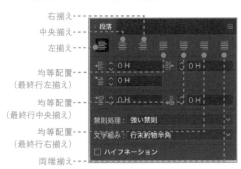

• 揃えの変更

該当のテキストを選択。

段落パネル上部にある揃えのボタンをクリック。

> 主に左3つはポイントテキスト、その他は段落テキストに使用。

終わりましたか？

メガネ
メガネ…

SKILL UP! もっと文字をデザインしよう

文字のサイズや配置のアレンジ方法を紹介します。
知っておくと、タイトルやロゴなど主役の文字をデザインするときに役立ちます。

パス上文字ツール

動きがあって
楽しげなデザイン
ですねえ

文字タッチツール　　　アウトライン化して変形

How To 操作方法

● パスに沿ってテキストを配置する

※パスに色は付いていなくてもOK

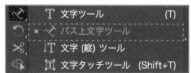

T	文字ツール	(T)
✔	パス上文字ツール	
IT	文字（縦）ツール	
〓	文字タッチツール	(Shift+T)

❶　　クリック

❷　パスの外側 / 内側
始点　　　　　　　　　　　　終点
とびきりの思い出を作ろう！

円などの図形でもOK。

任意のツール（ここではペンツール）を使って、文字を沿わせたい形のパスを作成。ツールバーの文字ツールから「パス上文字ツール」を選択。カーソルが❶の状態で、作成したパスの上をクリック。文字を入力する。

選択ツールに切り替え、テキストを選択。始点、終点、文字をどちら側に流すかを調整するバーが表示される❷。各バーをドラッグして、パス上での文字の位置を調整。

！ 文字が途中で切れる場合
始点と終点を端まで広げても文字が途切れる場合は、文字サイズを落とすか、ペンツールでパスの長さを伸ばす。

● 一文字ずつサイズや向きを変える

文字ツールで任意の文字を入力後、ツールバーから「文字タッチツール」を選択。カーソルが❸に変化した状態で、変形させたい一文字をクリック。ボックスが現れる❹。

四辺のハンドルにそれぞれ機能が割り当てられているので、該当のハンドルをドラッグして編集。

> **!** 文字タッチツールがない?
> 文字タッチツールがない場合は、ツールバー最下部の「…」マークをクリックすると表示される「すべてのツール」内にあります。ドラッグ＆ドロップでツールバーに追加できます。

アウトライン前に
コピーしておけば
安心です

> **!** テキストデータではなくなる
> アウトライン化するとオブジェクト扱いになるため、文字の打ち直しやフォント変更はできなくなる。

● 直接パスの形状を変形する

テキストを選択した状態で、[shift+⌘+O] キーを押す。文字がアウトライン化され、パスが変形できるようになる。

 Win [Shift+Ctrl+O] キー

Q. 線や図形、文字の
色の変え方は?

A. **カラーパネル**で
指定しよう

色はCMYK値、またはRGB値で指定します。
カラーパネルで数値を確認しながら色付けしましょう。

面の部分を
塗りと呼びます

Photoshopと違い、オブジェクト
の塗りと線の色になっている。

今だけ
新規会員登録で
¥1,000
クーポンプレ

塗り

線

C 0 %
M 78 %
Y 45 %
K 0 %

クリックして適用。
左から「塗りなし」「黒」「白」

数値

色は数値を見るクセをつけよう

CMYK値、RGB値といった数値で色を表すことは、他人との共通言語という意味でも重要。例えば「濃い赤」と言われてどんな赤を想像するかは人それぞれ。自分はCMYKのM100%+Y100%（いわゆる金赤と呼ばれる色）と思っていても、取引先はCが10%混ざった濁った赤をイメージしているかも。また、データをプリンターで印刷してみるとわかるが、モニター上で見える色そのままに印刷はされてこない。Webでも、世の中のすべてのディスプレイが同じ色を表示するわけではない。どの色を見て明るい、暗いを言っているのかはわからないので、共通言語である数値が頼りになってくる。また、自分では真っ白だと思って作っていたのに、1〜2%の色が残っているだけでほんのり色づいたり濁って印刷されてしまったというトラブルも起きるので、数値を意識して作るに越したことはない。

How To　操作方法

● カラーパネルの基本操作

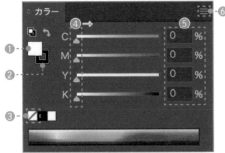

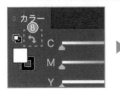 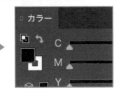

任意のオブジェクトを選択。

> RGB値を指定したいときは右上のメニュー❻から「RGB」を選択。

・ 塗りの色指定

塗り❶をクリック。スライダー❹をドラッグ、または数値❺を入力。

・ 線の色指定

線❷をクリック。スライダー❹をドラッグ、または数値❺を入力。

・ 色なしにする

塗り❶または線❷を選択し、❸をクリック。斜線❼が表示され、色が塗られていない(透明の)状態になる。

・ 塗りと線の色を入れ替える

塗りと線の四角の右上にある両矢印❽をクリック。

● 別オブジェクトから色情報をコピー

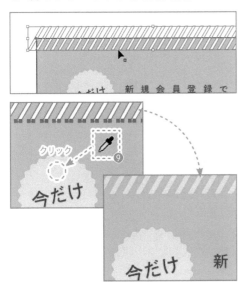

色を変えたいオブジェクトを選択しておく。

[I] キーを押してスポイトツールに切り替える。カーソルがスポイト❾になったら、色情報をコピーしたい別オブジェクトをクリック。選択しておいたオブジェクトの色が変更される。

> ❗ 塗り&線どちらもコピーされる
> さらに色だけでなく線幅や不透明度などもコピーされる。いずれかだけをコピーすることはできないので注意。

129

SKILL UP! スウォッチを活用しよう

スウォッチパネルには色を登録することができ、登録した色を「スウォッチ」と呼びます。
スウォッチで色を塗っておくと、デザイン全体の配色管理や色変更時に役立ちます。

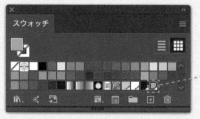

グローバルカラー
スウォッチ A

Data
C 62%
M 0 %
Y 20%
K 0 %

Aで塗った部分

数値を変更

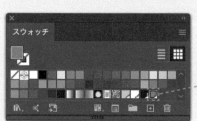

Data
C 0 %
M 65%
Y 45%
K 0 %

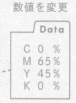

自動的にオブジェクトにも反映される

ご覧あれ

How To 操作方法

● スウォッチを作成する

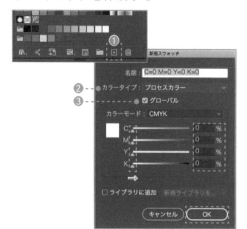

「グローバル」が重要
上記のように自動で色変更させるには
グローバルにする必要がある。グロー
バルでないスウォッチは一度その色に
できるだけ。

スウォッチパネル右下の+マーク
❶をクリック。新規スウォッチダイ
アログが表示される。スライダー
または数値で色味を指定。カラー
タイプ❷は「プロセスカラー」を
選択。グローバル❸にチェックを
入れる。任意の名前を入力し、
[OK]をクリック。スウォッチパネ
ルにスウォッチが追加される。

グローバルカラースウォッチは
右下に白い三角が表示される。

● スウォッチパネルの基本操作

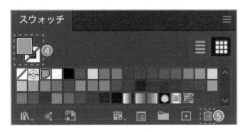

• 塗り、線に適用

任意のオブジェクトを選択。スウォッチパネルの塗り or 線❹をクリック。適用したいカラーのスウォッチをクリック。

• 登録済みスウォッチの編集

該当のスウォッチをダブルクリックしてスウォッチオプションを開く。任意の項目を編集後、[OK] で再登録。

> あとからグローバルカラーに変更することも可能。

• 削除

該当のスウォッチをクリック。パネル右下のゴミ箱マーク❺をクリック。

● スウォッチを使って同色の濃淡表現をする

> **こんなときに使おう**
>
> 2色以上のインキを掛け合わせて作る混合色を使って、濃度違いで塗り分けたい!

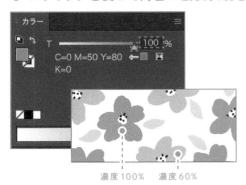

濃度100%　濃度60%

任意のオブジェクトを選択。スウォッチパネルでグローバルカラースウォッチを選択して適用。カラーパネルのスライダーをドラッグ、または%数値を入力して濃度を変更。

> **!** 色や絵が透けているわけではない
> 濃度は単純に色の濃さを示す。透かしたい場合は濃度ではなく不透明度を変更する。やり方は P.139。

● 共通の塗り(線)色のオブジェクトを選択する

コントロールパネルの❻のアイコンの右隣の [∨ ❼] をクリックし、プルダウンから「カラー(塗り)」を選択。選択したい色のオブジェクトを選択した状態で、❻のマークをクリック。同じ塗り色のオブジェクトが、自動で全て選択される。

> 後から一括でスウォッチ設定したいときなどに重宝します

> プルダウンから条件を変えれば線の色や透明度などでも可能。

Q. グラデーションに
したい！

グラデーションパネル **A.**
を使おう

グラデーションパネルでは詳細なグラデーション設定ができます。
まずは基本的な線形グラデーションと円形のグラデーションの作り方を覚えましょう。

線形グラデーション ------ ●

● ------ 円形グラデーション

How To 操作方法

● **1.** グラデーションを適用

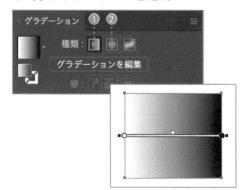

> **！** 塗りをべた塗りに戻したい
> カラーパネルで塗りをダブルクリックして
> 単色を指定するとべた塗りに戻ります。

グラデーションパネルの「種類」
から［線形❶］か［円形❷］を選
択（ここでは［線形］）。[G] キー
を押し、グラデーションツールに
切り替える。カーソルが十字の状
態で、グラデーションにしたいオ
ブジェクトをクリック。

> このときオブジェクトは選択し
> ていない状態にする。

グラデーションが適用され、スラ
イダーが表示される。

● 2. 色指定

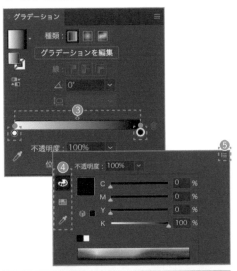

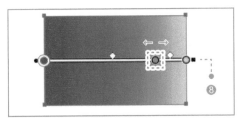

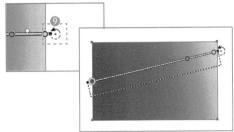

オブジェクトを選択した状態で、グラデーションパネルのグラデーションスライダー下にあるカラー分岐点❸をダブルクリック。カラーオプションが表示される。左側❹の[カラー][スウォッチ][カラーピッカー]のいずれかで色を指定。

> ❗ カラースライダーが「K」だけ!?
> それはグレースケール設定になっている状態。右上のオプション❺をクリックでカラーモードの変更が可能。

・色の追加

グラデーションパネルのグラデーションスライダー下にカーソルを近づけると+マーク付きの矢印❻になる。色を追加したい場所でクリック。追加された分岐点をダブルクリックして色を指定。

> 始点と終点は削除不可。

・色を減らす

該当の分岐点をスライダー下にドラッグ&ドロップ❼。

● 3. 角度や位置の調整

グラデーションツールを選択し、オブジェクト上に表示される始点・終点・分岐点をドラッグし、色の位置を調整。

> グラデーションパネル上のスライダーでドラッグしてもOK。

黒い四角❽にカーソルを持っていき、回転矢印❾に変わったら任意の方向にドラッグして角度を調整。

> 正確な角度で回転させたい場合はグラデーションパネルの角度欄に任意の数値を入力。
>

Q. 柄で 塗りつぶしたい！

A. パターンを 作ってみよう

DL

「パターン作成」機能を使えば簡単にオリジナルの柄を作ることができます。
作成したパターンはスウォッチパネルに登録され、ワンクリックで適用可能です。

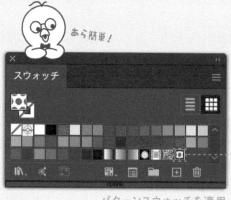

あら簡単！

パターンスウォッチを適用

HAPPY
VALENTINE'S
DAY 2.14

How To 操作方法

● 1. パターンスウォッチ登録

パターンにしたい図形やイラスト
を作成。

複数のオブジェクトでもOK。
埋め込み画像も可。リンク画
像は不可。

追加されたスウォッチ

該当オブジェクトを全て選択し、
スウォッチパネルにドラッグ＆ド
ロップ。新規パターンスウォッチ
が追加される。

● 2. パターンスウォッチを編集

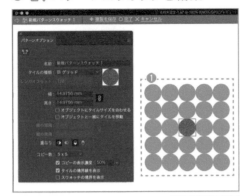

作成したパターンスウォッチをダブルクリック。パターンオプションパネルが表示され、ドキュメントウィンドウが図のようなパターン編集モードになる。

> パターン適用時のプレビューが周りに薄く表示される❶。

パターンオプションパネルの「タイルの種類❶」からパターンの並べ方(ここではレンガ(横))を指定。幅と高さ❷でパターン1ピッチのサイズを指定。

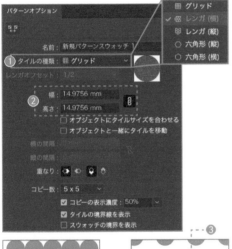

ドキュメントウィンドウの青枠内❸でオブジェクトの位置やサイズを調整。

> プレビューを見ながら色々試してみるのです

編集が完了したら、ドキュメントウィンドウ上部の「○完了❹」をクリック。

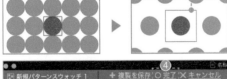

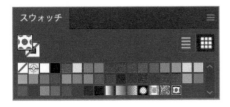

> ! **パターン適用後の拡大縮小**
> 拡大・縮小ツールをダブルクリックし、拡大・縮小ダイアログで「オブジェクトの変形」をオフ、「パターンの変形」にチェックを入れた状態で拡大率を入力するとパターン柄だけ変形できる。
>
>

● 3. 適用

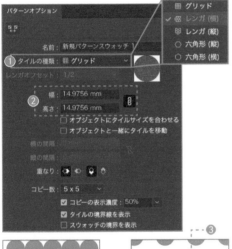

パターンを適用したいオブジェクトを選択。スウォッチパネルで登録したパターンスウォッチをクリック。

> 線にも適用可能。

Q. 線を<u>二重</u>に
付けられる?

A. <u>アピアランスパネル</u>
で線が増やせる

DL

物理的にオブジェクトを重ねて線を二重に見せることもできますが、
アピアランスパネルを使う方法なら再編集がしやすく、よりスマートです。

テキストだけでなく
図形でも
できますよ

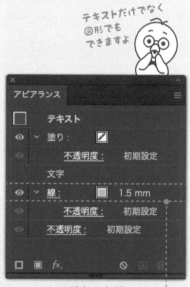

追加した線 ------

How To 操作方法

● 1. 線を追加

任意のテキストを選択し、カラーパネルで塗りと線の色を指定。

テキストを選択したまま、アピアランスパネル左下の□❶をクリック。追加した線の情報❷が表示される。クリックして選択し、パネル内の「文字」よりも下にドラッグして移動。

> 右隣の四角で塗りの追加もできます

> 最初に塗った色情報は「文字」の中に存在している。アピアランスでの上下がそのまま見た目に反映されるので、「文字」よりも上にあるとデフォルトの線が見えなくなってしまう。

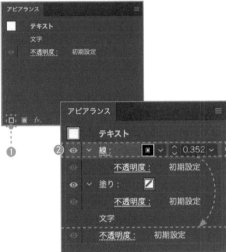

● 2. 色と太さの設定

移動した線のカラー❸をクリック。表示されるパレット、またはカラーパネルから色を指定。線幅❹をクリックしプルダウンから太さを選択、または数値を入力。

> デフォルトの線よりも太く設定しないと見えないので注意。

> **!** 元の文字色が編集できない？
> アピアランスパネルの「文字」をダブルクリック、またはテキストツールで該当テキストをドラッグして選択→カラーパネルで編集することが可能。

Q. オブジェクトを
<u>透過</u>させたい！

A. 透明パネルと
アピアランスパネルを
使い分けよう

基本的には透明パネル、塗りと線で個別設定したいときはアピアランスパネルを使います。
オブジェクトが単体かグループかによって、見え方に違いがあることも知っておきましょう。

それぞれ不透明度60%

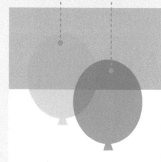

不透明度60%

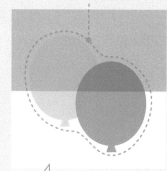

不透明度100%　不透明度60%

オブジェクト単体の場合
- 背景が透ける
- オブジェクト同士も透ける

グループの場合
- 背景が透ける
- オブジェクト同士は透けない

単体で塗りと線を個別設定
- 一方だけ透かす、または
  異なる不透明度にする

透明度を下げて色を薄くする際は要注意！

見た目は薄い色のべた塗りオブジェクトと同じに見えるが、透明度で薄くしたオブジェクトは透けている状態なので、修正などで後ろにオブジェクトが配置された場合には色が混ざってしまう。透明度で色の調整をすることは一般的に行われないので、例えば別の人に制作を引き継いだときに、まさか透明なパーツとは思わず作業してしまい、思わぬトラブルや作業工数増の元となることが考えられる。色はカラーパネルで調整するようにしよう。

How To 操作方法

● 透明パネルの基本操作

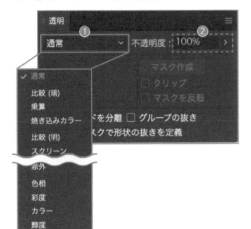

グループ化の方法はP.147へ。

該当のオブジェクト（グループも可）を選択。

• 描画モードを調整
左のプルダウン❶をクリック。任意の描画モードを選択。

描画モードの詳しい説明は、P.084へ。

• 不透明度を調整
「不透明度」のプルダウン❷をクリックしスライダーを移動するか、数値を入力。

● アピアランスパネルで塗りと線を個別設定する

グループ化されている場合は不可。

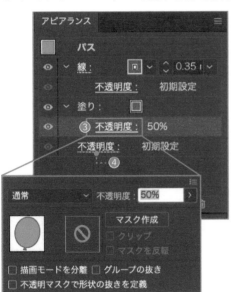

該当のオブジェクトを選択。

アピアランスパネルで、変更したい塗りまたは線の下の［不透明度❸］をクリック。透明パネルが表示されるので、上記と同様の方法で設定。

⚠ 一番下の不透明度ではない
パネル最下段の［不透明度❹］は、塗りと線両方を含めた全体の設定。個別の［不透明度❸］が表示されていない場合は［ > ］をクリック。

👁 > 塗り:

アピアランスパネルを知るとできることの幅が広がります

Q. 特色部分は
どうやって塗るの?

A. 特色スウォッチで
指定しよう

データの作り方に印刷所ごとのルールがある場合が多いので、必ず事前確認しましょう。
ここでは、比較的メジャーな特色スウォッチを使用する方法を紹介します。

特色スウォッチ

聞いたこと
ありますか?

覚えておきたい「DIC」と「PANTONE」

特色の色と言えばまずどちらかの名前が出てくる、2大インキメーカーの名前。色は「DIC 520」
「PANTONE 2708」のように数字で指定される。企業や製品のロゴの色がこれで指定されて
いることも多く、目にする機会も多いだろう。それぞれ実物の色見本帳もあり、紙を扱う印刷会
社やデザイン会社では持っているところも多い。

How To 操作方法

● 1. 色見本を呼び出す

スウォッチパネル左下のスウォッチライブラリメニュー❶をクリック。プルダウンから［カラーブック］→任意の色見本をクリック。色見本のスウォッチパネルが表示される。

> オプション❷をクリックし「リスト（小/大）を表示」を選択すると、色番号付きの表示に切り替えが可能。

> 特色スウォッチは、右下に黒丸印が付いている。

● 2. 特色スウォッチで着色

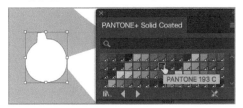

特色で塗りたいオブジェクトを選択し、色見本のスウォッチから任意の特色をクリック。

> 選択した特色はスウォッチパネルに自動的に追加される。

● 未使用スウォッチの削除

> **恐怖の未使用スウォッチ…！**
> 不要なスウォッチが残されていると、出力時などにエラーを引き起こす可能性あり。特に入稿前は必ず削除を！

スウォッチパネル右上のオプション❸をクリック。プルダウンから［未使用項目を選択］をクリック。

未使用のスウォッチに白枠が表示される。その状態でパネル右下のゴミ箱マーク❹をクリック。確認のダイアログが表示されるので［はい］をクリック。

Q. オブジェクトの サイズや向きを 変える方法は?

A. バウンディングボックス or 変形パネルを使おう

感覚的に変えたい場合はバウンディングボックスを、
正確なサイズや角度が決まっている場合は変形パネルを使います。

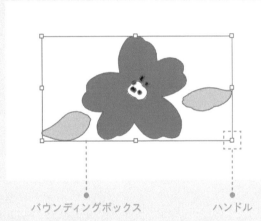

バウンディングボックス　　　　　ハンドル

線幅・パターンの拡大縮小に注意!

変形パネルの下部にある「角を拡大・縮小」「線幅と効果を拡大・縮小」のチェックは、地味だがかなり大事な設定。それぞれ、オブジェクトの拡大縮小を行うときに、角丸の丸みまで拡大するかどうか、線幅設定とパターンなど効果も拡大するかどうかが設定できる。元の見た目通りに拡大縮小するには両方チェックを入れるが、共通で入れたい1ptの囲み罫があるなどの場合、太さが変わってしまう。使いこなせば便利な反面、ミスを招きやすい機能でもあるので注意。

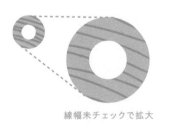

線幅未チェックで拡大

How To 操作方法

● バウンディングボックスの基本操作

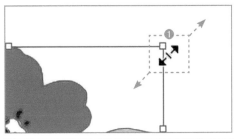

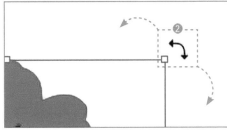

> **!** ボックスが出ない場合
> メニューバーから[表示→バウンディングボックスを表示]をクリック。

[V]キーを押し選択ツールに切り替え。該当のオブジェクトをクリックして選択。

> [shift]キーを押すと縦横比を固定。[option]キーを押すと中心を基準点に変形。
> Win [Alt]キー

・拡大／縮小

いずれかのハンドルにカーソルを持っていき、両矢印❶になったら任意の方向にドラッグ。

> [shift]キーを押しながらドラッグで45°ずつ回転。

・回転

いずれかのハンドルにカーソルを持っていき、カーブ矢印❷になったら任意の方向にドラッグ。

Photoshopと同様です

> **バウンディングボックスで反転は危険！**
> 比率が崩れてしまうので、変形パネルを使うか、[O]キーでリフレクトツールに切り替えてドラッグしよう。

● 変形パネルの基本操作

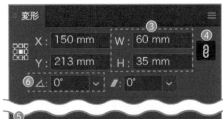

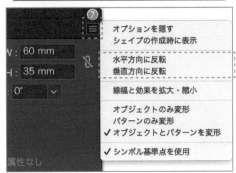

該当のオブジェクトを選択。

・拡大／縮小

変形パネルで幅（W）と高さ（H）❸に数値を入力。縦横比を固定したい場合は鎖マーク❹をクリック（画像はONの状態）。

> 角や線幅にも反映させたい場合は❺にチェックを入れる。

・回転

角度❻に数値を入力、またはクリックしてプルダウンから選択。

・反転

パネル右上の❼をクリックし、[水平方向に反転]または[垂直方向に反転]を選択。

Q. 同じオブジェクトを
<u>効率よく複製</u>する
方法はない?

A.
<u>同じ位置に複製</u>、
<u>繰り返し複製</u>などが可能

オブジェクトを複製する方法はひとつではありません。
目的に合わせてやり方を変えることができれば、作業スピードが上がります。

複製

How To 操作方法

● **基本の複製**（どちらでもやりやすい方で）

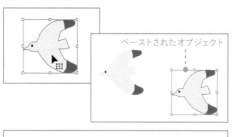

ペーストされたオブジェクト

別書類間でも有効。

A. ショートカットキーを使う
オブジェクトを選択した状態で
[⌘+ C] キーを押してコピー、[⌘
+ V] キーを押してペースト。

Win [Ctrl+C] キー
Win [Ctrl+V] キー

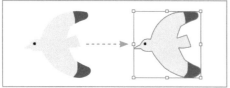

[shift] キーを押しながらド
ラッグで水平・垂直・ななめ
45°の位置に移動。

B. ドラッグ&ドロップする
オブジェクトを選択し、[option]
キーを押しながらドラッグ。任意
の場所でドロップ。

Win [Alt] キー

● 同じ位置に複製

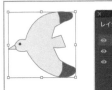 

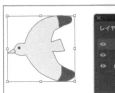 

オブジェクトを選択し [⌘ + C] キーを押してコピー。

`Win` [Ctrl+C] キー

元オブジェクトより上❶にペーストしたい場合は [⌘ + F] キーを、元オブジェクトより下❷にペーストしたい場合は [⌘ + B] キーを押してペースト。

`Win` [Ctrl+F] キー

`Win` [Ctrl+B] キー

● 繰り返し複製 （どちらでもやりやすい方で）

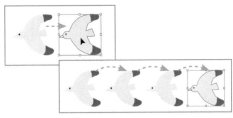

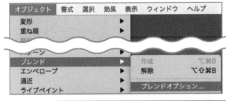

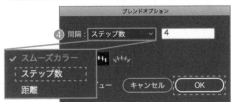

> これは「直前の動作を繰り返す」ショートカットキー。コピー以外の動作でも使用可。

A. ショートカットキーを使う

オブジェクトをドラッグ＆ドロップして複製後、[⌘ + D] キーを押す。一度目の複製と同じ間隔で、押した回数分繰り返しペーストされる。

`Win` [Ctrl+D] キー

B. ブレンドを使う

オブジェクトをドラッグ＆ドロップし、一定の距離を空けて複製❸。2つのオブジェクトを選択し [⌘ + option + B] キーを押してブレンドを適用。

`Win` [Ctrl+Alt+B] キー

> このとき意図しない見た目になっても気にしなくて OK。

メニューバーから [オブジェクト →ブレンド→ブレンドオプション] を選択。ダイアログが表示される。[間隔❹] のプルダウンから [ステップ数] を選択し、コピーしたい数を入力し、[OK] を押す。

まぼろし〜!?

! **ブレンドは "見せかけ"**
元オブジェクト間にコピーされたように見えるオブジェクトは触れない。[オブジェクト→ブレンド→拡張] を行うとそれぞれがパスに変わる。

Q. 複数オブジェクトをまとめて動かしたい！

A. グループ化しよう

移動やサイズ変更時にまとめて動かしたいオブジェクトはグループ化するとスマートです。
オブジェクトが増えて来たけれど、レイヤーは分けたくない…というときにも役立ちます。

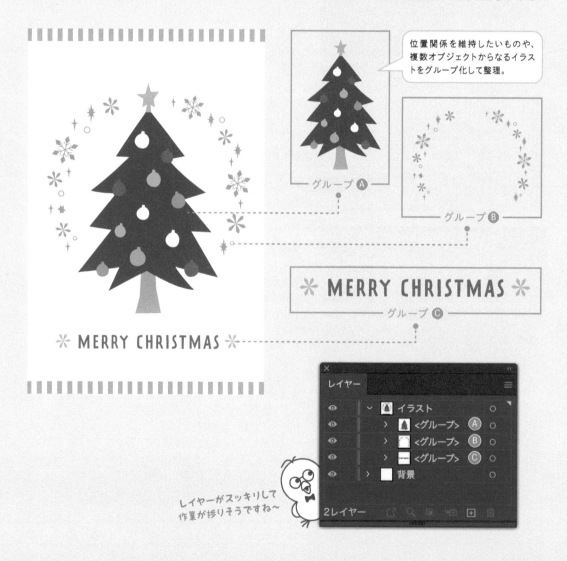

位置関係を維持したいものや、複数オブジェクトからなるイラストをグループ化して整理。

グループ Ⓐ

グループ Ⓑ

グループ Ⓒ

レイヤーがスッキリして作業が捗りそうですね〜

How To 操作方法

● グループの基本操作

> **! レイヤー移動に注意**
> 異なるレイヤーのオブジェクトをグループ化すると、選択したうち一番上のレイヤーに全て移動する。

・グループ化
グループ化したいオブジェクトを全て選択。[⌘ + G] キーを押す。　Win [Ctrl+G] キー

> **! 連打するとグループが重複**
> 機能的には同じオブジェクトを何重にもグループ化することができてしまう。扱いづらくなるだけなので注意。

・解除
任意のグループを選択。[⌘ + shift + G] キーを押す。　Win [Ctrl+Shift+G] キー

・グループの内容を確認する
レイヤーパネルで、該当のグループレイヤーのサムネイル左にある [> ❶] をクリック。内包されているオブジェクトが表示される。

● グループ内のオブジェクトを個別編集

> こんなときに使おう
> グループ内の一部のオブジェクトだけを移動、変形、コピーしたい！

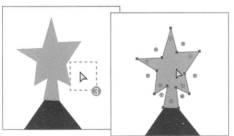

・グループ編集モードを使う
グループをダブルクリック。ウィンドウ左上に編集モードのアイコン❷が表示され、グループ内のオブジェクトだけが選択できる状態になる。画面余白をダブルクリックまたは⇐をクリックして編集モードを解除。

・ダイレクト選択ツールを使う
[A] キーを押し、ダイレクト選択ツールに切り替える。カーソルが白矢印❸の状態で、グループ内の該当オブジェクトをクリックして編集。

Q. オブジェクトを
きれいに並べる
方法は?

A. 整列機能を使おう

オブジェクトが多くても、整列機能で簡単に整えることができます。
どこを基準として整列させるのかきちんと指定することで、作業効率が上がります。

イラスト同士を整列

ムムッ！

合わせ技
ですね！？

整列したイラスト同士をグループ化してお
けば、位置関係を保ったままでグループ
ごとアートボードに整列することもできる。

グループ化したイラストをアートボードの中央に整列
テキストとロゴをイラストの端に整列

How To 操作方法

● 整列の基本操作

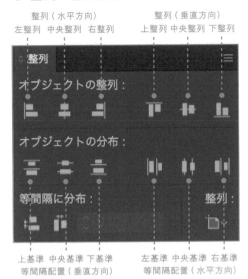

整列（水平方向）
左整列　中央整列　右整列

整列（垂直方向）
上整列　中央整列　下整列

オブジェクトの整列：

オブジェクトの分布：

等間隔に分布：　　　　　　　　　整列：

上基準　中央基準　下基準
等間隔配置（垂直方向）

左基準　中央基準　右基準
等間隔配置（水平方向）

整列したい複数のオブジェクトを選択。整列パネルから任意の整列ボタンをクリック。

> コントロールパネルにも整列ボタンが表示される。どちらをクリックしても OK。
>

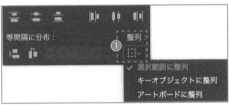

• 基準を指定

整列パネル右下の❶をクリック。任意の基準にチェックを入れてから整列ボタンをクリック。

> [選択範囲に整列] は、選択したオブジェクトの範囲内が基準となる。

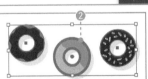

• キーオブジェクトの指定

基準を [キーオブジェクトに整列] にし、複数のオブジェクトを選択。その中から基準にしたいオブジェクトを再度クリックするとアウトラインが太くなる❷。任意の整列ボタンをクリック。キーオブジェクトを基準に整列が行われる。

• 等間隔に配置

複数オブジェクトを選択後、キーオブジェクトを指定。整列パネル下部の欄❸にオブジェクト同士の間隔を数値で入力。左隣のいずれかのボタンをクリック（ここでは垂直方向を選択）。

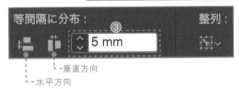

垂直方向
水平方向

整っているって
美しい…

Q. 画像を配置する方法は?

A. リンクと埋め込みを使い分けよう

Illustrator データ上への画像配置は、主に2種類あります。基本的には「リンク」で配置しますが、画像修正の可能性がない場合には「埋め込み」のほうがファイルの扱いがシンプルになります。

配置画像

埋め込み画像にはマークが表示される。

リンクも埋め込みも見た目は一緒なんです

リンク配置	埋め込み配置
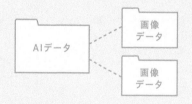	
別場所にある画像データを読み取って表示	Ai データ内に画像データの情報を埋め込み
◎ 配置後でも画像編集が可能 ◎ 埋め込みに比べ Ai データが軽い ✕ 別途画像データがなければ Ai データを開いても画像は表示されない	◎ Ai データだけで完結できる ✕ Ai データが重くなる ✕ 埋め込み後の画像編集は不可 （元の画像データとは切り離される）

How To 操作方法

● 画像を配置する

リンク

カラーモードを統一！

Aiデータと画像のカラーモードが異なると、色が正しく再現されない。

[⌘ + shift + P] キーを押す。配置のダイアログが表示される。配置したいデータを選択。

Win [Ctrl+Shift+P] キー

[shift] キーを押しながらクリックで、複数の画像を選択可能。

リンク配置の場合は [リンク❶] にチェックを入れ、埋め込み配置の場合は外す。右下の [配置] をクリック。カーソルの右下にサムネールが表示される❷。ウィンドウ上でクリック。画像が配置される。

配置画像が複数の場合、1回のクリックで1点ずつ配置。

「リンク切れ」に注意！

リンク配置後に画像を別フォルダに移動、または書類名を変更すると画像を呼び出せなくなり「リンク切れ」状態となる。画像を元の場所・名前に戻すか再リンクが必要。

● リンクパネルの基本操作

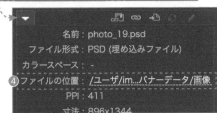

• リンク画像の保存場所確認

パネル上で画像を選択。左下の▶❸をクリックしリンク情報を表示。「ファイルの位置❹」に場所が表示される。

• 画像差し替え／再リンク

パネル上で該当画像を選択。パネル下部の鎖マーク❺をクリック。配置のダイアログが表示される。リンクしたいデータを選択して配置。

リンクパネル上で、右端にマークが表示される。

• リンク画像を埋め込む

パネル上で該当画像を選択。パネル右上の❻をクリックし、[画像を埋め込み] を選択。

Q. 画像の<u>切り抜き</u>はできる?

A. クリッピングマスクで不要部分を隠そう

クリッピングマスクはPhotoshopの「レイヤーマスク（P.040 参照）」と同じで、オブジェクトの一部を"隠す"ことができる機能です。写真以外でもよく使います。

元画像

図形でマスク

人物をぴったり切り抜くような細かいマスキングは Photoshop で行ったほうがきれいに仕上がる。

自由な形状でマスク

イラスト

図形でマスク

Photoshop とは仕組みは少し違うんです

How To 操作方法

● クリッピングマスクの基本操作

切り抜きたい形状の
オブジェクト

• 作成

画像の上に、切り抜きたい形状
のオブジェクトを重ねる。画像と
オブジェクトを両方選択し、[⌘] Win [Ctrl+7] キー
+ 7] キーを押す。

塗りや線が付いていても、無
効になるのでそのままで OK。

> ⚠ 上下関係が重要
> 上下が逆だとマスキングできない。選
> 択オブジェクトが複数ある場合、一番
> 上のオブジェクトでマスキングされる。

• 解除

任意のオブジェクトを選択し、[⌘] Win [Ctrl+Alt+7] キー
+ option + 7] キーを押す。

● クリッピングマスク適用後の編集方法

編集モードの画面

• マスクの形状変更

マスクをかけたオブジェクトをダ
ブルクリック。編集モードに切り
替わる。マスクのオブジェクトを
選択し、編集。

オブジェクトは塗りなし線なし
の状態になっている。

拡大・縮小

移動

• 画像の位置、サイズ変更

[A] キーでダイレクト選択ツール
に切り替える。画像部分をクリッ
ク。画像にバウンディングボック
スが表示される❶。[V] キーを押
して通常の選択ツールに切り替
え、画像の位置やサイズを調整。

写真以外の
オブジェクトも
マスキング
できますよ

Q. リンク画像の場所が わからなくなった！

A. パッケージで リンクデータを集めよう

パッケージは、配置したリンクデータを自動で1フォルダに集めてくれる機能です。
入稿前や、第三者にデータを丸ごと渡す際などに役立ちます。

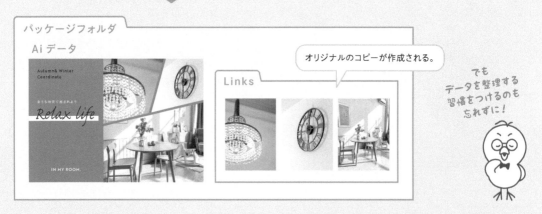

How To 操作方法

● **1.** パッケージの設定

ファイル	編集	オブジェクト	書式
新規…			⌘N
テンプレートから新規…			⇧⌘N

パッケージ…	⌥⇧⌘P
スクリプト	▶
ドキュメント設定…	⌥⌘P
ドキュメントのカラーモード	▶
ファイル情報…	⌥⇧⌘I
プリント…	⌘P

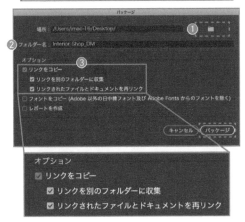

オプション
- ☑ リンクをコピー
  - ☑ リンクを別のフォルダーに収集
  - ☑ リンクされたファイルとドキュメントを再リンク

[⌘+S] キーを押して、データを最新の状態で保存する。

> 未保存でパッケージしようとするとダイアログが表示される。

`Win` [Ctrl+S] キー

メニューバーから [ファイル→パッケージ] をクリック。パッケージのダイアログが表示される。

フォルダマーク❶をクリックし、ダイアログからパッケージフォルダを作成する場所を選択。「フォルダー名❷」に任意の名前を入力。オプションの「リンクをコピー」＆その下の2項目❸にチェックを入れる。右下の [パッケージ] をクリック。

> 重いデータだとパッケージに時間がかかることがあるので注意。

● **2.** 完了

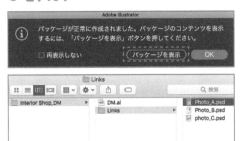

パッケージが完了するとダイアログが表示される。

[パッケージを表示] をクリックすると、作成したフォルダが開かれる。

> パッケージ後は触らないのが安心ですけどね

パッケージデータ＝複製データ

Ai データ、Links 内のデータ共に元データが移動してきたわけではなく、複製。元データは別に存在する。パッケージ後にデータを編集する場合は元データと間違えないように注意する。

Q. Illustratorデータを Photoshop で開きたい！

A. 書き出しで拡張子を変えよう

ソフトをまたぐ場合は正しいデータ変換のステップを踏むことを忘れずに。
初心者がやりがちな"そのまま強引に開く"はNGです！

Illustrator

え？強引に開いたことですか？

あるわけないじゃないですか

書き出し

Photoshop

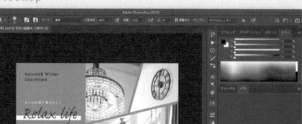

正しく変換すればレイヤーも保持することが可能。

How To 操作方法

● 1. Ai データの整理

レイヤーを整理しておく。アートボード外にある不要なオブジェクトは全て削除する。

❗ **アートボード外も書き出し対象**
余計なデータがアートボード外に残っていると、Photoshop 形式で書き出されたデータのアートボードサイズが変わってしまうので、必要最低限のデータに整えてから書き出すとスマート。

● 2. 書き出し

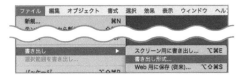

メニューバーから [ファイル→書き出し→書き出し形式 ...] をクリック。ダイアログが表示される。

任意のデータ名 ❶ を入力し、保存場所 ❷ を指定。「ファイル形式 ❸ 」のプルダウンから [Photoshop(psd)] を選択。右下の [書き出し] をクリック。

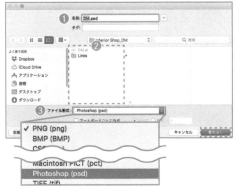

❗ PNGなど他の拡張子にも変換可。ただしPDFへの変換は書き出しでなく別名保存から行う。

❗ **カラーモードは必ず統一!**
Aiデータと書き出すPSDデータのカラーモードが異なっていると、色が変わってしまう可能性がある。

● 3. オプション設定

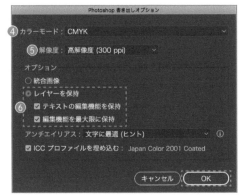

書き出しのダイアログが表示される。カラーモード❹、解像度❺をプルダウンから指定。オプションの [レイヤーを保持] を選択し、下2つの項目❻にチェックを入れる。右下の [OK] をクリック。

❗ **レイヤーが保持されない場合**
透明度、効果、オーバープリントを使ったデータだとレイヤーが結合されてしまうことがある。Aiでは解除し、変換後に PSD で処理するのがおすすめ。

Q. データを軽くしたい！

A. 不要要素の削除、配置画像のリサイズ などが効果的

保険のつもりで何でも多め・大きめに作っておくのはプロとして良い心がけと言えますが、やりすぎはデータが重くなる原因。作業効率低下やエラーに繋がれば、本末転倒です。

原因	解決方法
Ⓐ 不要なオブジェクト・スウォッチ	削除する（➡ スウォッチ削除の方法は P.141 へ）
Ⓑ 多すぎる画像・効果設定	全体をまとめて PSD 化する（➡ P.157 へ）
Ⓒ 画像サイズが大きい、重い	画像を適切なサイズにリサイズする
Ⓓ パスのアンカーポイントが多い	「パスの単純化」でパスを減らす

How To 操作方法

● 画像サイズの確認方法

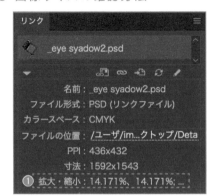

任意のリンク画像を選択。リンクパネルに選択したリンクの情報が表示される。「拡大・縮小❶」で何%のサイズで配置されているか確認。

解像度変更方法は P.039！

> **だいたい100%ならOK！**
> 解像度が適正（印刷用なら350ppi、web用なら72ppi）な状態で、拡大・縮小率80〜120%を目指そう。80%以下だと余裕がありすぎるのでPhotoshopでサイズダウンを。

● パスの単純化

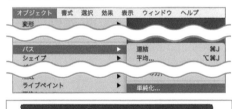

任意のオブジェクトを選択。メニューバーから［オブジェクト→パス→単純化 …］を選択。

> 右に動かすとパスが増える。

アートボード上にバーが表示される。スライダーを左に動かしてパスの量を減らす。

> **！ 多少は変形している**
> 見た目にあまり影響が出ないようになっているが、厳密には変形していることになるので問題がないか要確認。OKが出ている案件では行わないほうが無難なので単純化しておいたデザインを確認してもらうように意識した方が良い（念のためコピーも残す）。

● データ整理しても重い場合

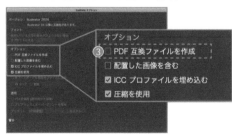

保存時に、ダイアログ内「オプション」の「PDF互換ファイルを作成❸」のチェックを外す。

> **！ 他ソフトで開く場合はNG！**
> チェックを外すとデータが軽くなる反面、Acrobatやプレビューなどで正しく表示できなくなる。

教えて！著作権のこと

デザインをしていると
避けて通れないのが著作権の問題。
違反してしまうと罰金や信用問題など、
うっかりでは済まなくなるので、
しっかり意識しておきましょうね。

❶

まずは世の中のもの
ほとんどに著作権はあると
思ったほうがいいです。
すべて人の物と考えましょう。
使用には許諾が必要です。

著作権の他に
商標権で守られている
場合もあるから気を付けて。

購入した写真データや
イラストデータ、フォントにも
使用許諾範囲が
設定されていますよ。
範囲内の使用であれば
許諾の必要はありません。

❷

❸

❹

使用許諾範囲の確認のポイントはこの辺りです。

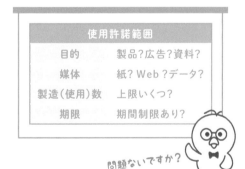

使用許諾範囲	
目的	製品？広告？資料？
媒体	紙？Web？データ？
製造（使用）数	上限いくつ？
期限	期間制限あり？

問題ないですか？

❺

「フリー素材」は
なんでも使って良さ
そうに聞こえますが、
このフリーは「無料」
の意味のこともある
ので注意しましょう。

❻

フリー＝
✕ 使用制限なし
〇 無料

許可を取る、条件を守る
ということを意識しておけば、
そう怖がらなくても大丈夫です。
確認の癖をつけましょう。

❼

さて
詳しくは
次ページ
から

著作権と商標権を意識しよう

商標ビジネスなんて
言葉もあるくらいです

イラストや写真をはじめ世の中のすべての制作物には著作権が発生し、他人の物を無断で使用することはできません。商標権は商標登録することにより発生し、ブランド名、製品名、サービス名から、キャッチコピー、色の組み合わせまで様々。これらも無断で使用すると法律で罰せられます。バレなければいいという問題ではありません。パッケージなどの展開図やパズルなどを作っているときには、特許権も関わってくることがあります。

― 著作権のないもの① ―

著作権は作者の死後70年経過すると効力を失い、パブリックドメインとして誰でも使用可能になります。絵画などは似せて描き起こしても問題ありません。しかし、作品自体の著作権は失効していても、作品の画像データや写真は所有や管理をされている場合があり、その画像そのものを使いたい場合には許諾が必要なことがあります。

― 著作権のないもの② ―

ただの白いお皿やコップなど明確な特徴のない物、お日様マークなど誰が描いても同じようになる物などには、一般的に創作性が認められず、著作権の主張はできません。ただし、それを撮影した写真には権利が発生しています。自分で撮影するなら大丈夫です。

― 商標権は検索 ―

特許情報プラットフォーム（J-PlatPat）で検索することができます。普通に使ってしまいそうな言葉でも登録されていることがありますので注意しましょう。例えば、「がんばれ！ニッポン！」は日本オリンピック委員会によって商標登録されている文章です。商標は主に類似使用を防ぐもので、無関係なものであれば問題ないこともあります。

素材集やストックフォトは使用許諾範囲を確認しよう

Webで手に入るフリー素材や、本やストックフォトなど購入できる素材がありますが、ほとんどはなんでも使ってよいわけではありません。それぞれ使用許諾範囲が設定されていますので、必ず読んで確認してから使いましょう。

― 一般的に紙媒体や広告には寛容
製品デザインやデータ配布は要注意 ―

一般的に、雑誌や広告など紙媒体、Web用画像には、商用不可でない限りほとんどが使えます。Tシャツやラッピングペーパーなど製品の柄がそのまま特長となるようなものは要注意です。また、データの配布になる場合は二次配布にあたる可能性があります。

― フリーライセンスに注意 ―

フリーライセンスとは本来、第三者が自由に再利用してよいという意味ですが、意外と使われ方は様々で、よく見ると一定の条件内に限るということはあります。油断せずに利用条件をよく読みましょう。

ふむふむ…

加工してもトレースしても違反は違反

イラストや写真など元の素材そのままではなく、精密にトレースをしたものを描き起こしと主張しても通りません。原型がわからないほど加工してしまえば、気づかれることはないかもしれませんが、発覚したときにはむしろ悪質と判断されるでしょう。他人の物はあくまで参考程度として、コピーはしないようにしましょう。

ちょっとだけ
厳しいことも
言います

「並べただけ」はオリジナルではない

Webや本で手に入れたイラスト素材を使ってデザインレイアウトを行っただけでは、とてもオリジナルデザインとは呼べません。シールやカードなどはもちろん、スマホケースなど「絵柄」が特徴の製品ではほとんどが著作権違反となります。ノベルティも該当することがあります。

―― 著作権違反　ありがちな話① ――

昔どこかで買った地方の民芸品を見つけて、模写してイラストを描いたら、模様の特長で権利者からクレームに。図鑑などに載っている写真を参考に描き写すのはもちろん、自分で買ったお土産のような意外なものも著作権侵害になることがあるので注意しましょう。

権利侵害すると損害賠償請求されることも

権利侵害が発覚した商品や広告は、継続して販売、掲示はできなくなりますので、販売停止措置や取り下げをすることになります。それによって、本来見込んでいた売上および宣伝効果が得られないばかりか、回収費用も上乗せされ、それらのお金を誰かが負担しなければなりません。制作費の負担で済んだとしても、使用した著作物に対して使用料の請求をされることも。制作物の権利に問題がないことへの保証は業務の発注書や契約書に記載されていることも多く、制作者が損害賠償請求される可能性も少なくありません。

―― 著作権違反　ありがちな話② ――

素材集のイラストを使って販売物のデザインを作成。プレゼンも順調に通過し、いざ商品化！というところで規約違反の疑いが。確認の結果、違反と判明し、デザインを変更するわけにもいかず、高額の使用料が必要に。一度承認を得たデザインは変更が困難なもの。その前にしっかり確認しましょう。

―― 著作権違反　ありがちな話③ ――

会社のパソコンでデザインをしていて、インストールされていたフォントを使ってデザインをしていたが、以前に誰かがインストールした商用不可のフリーフォントであることが完成間際に発覚し、大半のデザインをやり直すことに。フォントは始めからパソコンに入っているような印象があるので、使用許諾範囲の意識が薄れがち。

これだけ
守りましょう！

まとめ　〜基本3カ条〜

● 人の制作物は絶対に無断で使わない（許可を取る）

● イラスト、写真、フォントの使用許諾範囲を確認する

● レイアウトだけやトレースはオリジナルではない

著作権というわけではないけれど　知っておきたい、大概ダメなこと

企業や製品のロゴやマーク、キャラクターを勝手にいじる

対法人の仕事だと、先方の会社のロゴ類を扱うことも増えます。企業のロゴにはだいたい使い方のルールが決まっていて、勝手に色を変えたり、フチをつけたりすることは禁止されていることが多いです。ちょっと見にくいなと思っても、安易に加工しないようにしましょう。SNSのロゴマークなども使うことは多いと思いますが、公式ページに使い方が用意されていますので目を通しましょう。

キャラクターは「スタイルガイド」というルールブックが制定されていることが多いです。キャラクターの加工はもちろん、色の使い方やフォント、重ね方まで詳細な決まりのあるものもあります。

共通するのは、イメージを大事にしていることです。デザイナー側が勝手にいじってよいものではないという認識で取り扱いましょう。

〇　　　　×

インプレス　**インプレス**

勝手にフチをつける

〇

×

勝手に色を変更

RGB、CMYKだけじゃない 色の深い話

カラーパネルに出てくる各カラーモデルや色に関する用語は、
業務で登場することも多いです。覚えておきましょう。

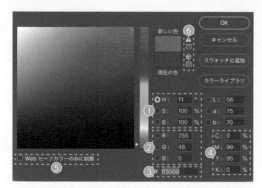

いずれかで色を指定すれば、他の数値も自動で変更されるので、
「この色RGBだと何?」というときにはここで確認できます。

❶ HSB（HSV）

メインで使用することは少ないですが、同じ色相で
明度を下げたいなど、目的が明確なときは便利。
Hue（色相）Saturation（彩度）Brightness（明
度）で色を指定。明度はValueとされていること
もあり、HSVも同じ。

❷ RGB

ディスプレイ表示に使われている光の色の組み合
わせで色を指定。Red、Green、Blueの頭文字。
光の明るさなので、0にすると真っ暗（黒）、すべ
てを最大の255にすると白になります。

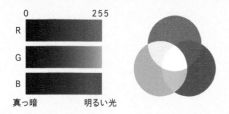

❸ カラーコード

主にWebのCSSやHTMLで色を指定する際に
登場します。0～9の10個の数字とA～Fの
6個アルファベットを使って、16進法で色を指定。
「000000」が黒、「FFFFFF」が白です。

❹ CMYK

印刷物の色指定に使います。絵の具と同じイメー
ジで問題ありません。C（シアン、青）・M（マゼ
ンタ、赤）・Y（イエロー、黄）・K（ブラック、墨、黒、
「Key plate」のKともされる）の4つの色を0
～100％で混ぜ合わせて色を作ります。

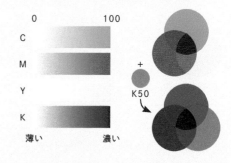

❺ Webセーフカラー

WindowsとMacどちらでも同じく表現可能な
色は216色しかなく、どんな環境でも同じに見え
る色としてWebセーフカラーと言われています。
チェックするとその色しか選べなくなります。とは言
え、赤が青になってしまうことはないので、制約が厳
しいとき以外はあまり気にしなくてもよいでしょう。

❻ 色域外警告

⚠ はCMYKにない色、⬡ はWebセーフカラー
に含まれない色を警告してくれています。これが出
ているときの数値は、そのカラーモデルで表現でき
る一番の近似色になっていますが、そう言うにはだ
いぶ遠いことが多いのである程度感覚で調整が必
要です。

色とりどり

色のあれこれ

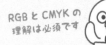

RGBとCMYKの
理解は必須です

そもそもなぜRGBとCMYKがあるのか

RGBはディスプレイの色を光で表現、CMYKは印刷物の色をインクで表現します。スマホやパソコンの画面はRGB、雑誌やポスターの色はCMYKです。なぜ別なのかは、光での色の作り方とインクでの色の作り方が同じではないからです。光は色を混ぜ合わせていくと白になり、インクは逆に黒になる。これは自然の法則です。仮にRGB色のインクがあって同じように混ぜ合わせても白にはならず、逆も然りで統一することができないのです。そのため、意図通りの色にするにはディスプレイ表示用の画像はRGBに、印刷用の画像はCMYKにする必要があります。

RGBとCMYKでは使える色数が違う

RGBのすべての色をCMYKで表現はできません。傾向としてR255などビビッドな色が表現できず、なるべく印象の近い色で補完するしかありません。特色である程度補うこともできます。なお、一度CMYKにするとRGBに戻しても色は戻りません。

足りない色を補う「特色」

雑誌の表紙など印刷物で蛍光色のような色を見たことがあると思いますが、あれが特色です。蛍光色の他、金属のインキや、いたって普通に見える特色もあります。CMYKでは出せない色や、1色や2色印刷のときに登場することが多いです。DIC（ディック）カラー、PANTONE（パントーン）カラーが有名で、CMYKと一緒に使うときは5色印刷になるので、1色（1版）分、印刷代は高くなります。

小難しいカラープロファイル

作業環境によって色が変わらないように画像に埋め込まれているメタデータ。作業環境は［編集］→［カラー設定］で変更できます。適当だと画像補正の結果や印刷結果が変わってくることもあるので注意。印刷データを作るなら「プリプレス用 - 日本2」を選んでおくとよいですが、会社や案件によってルールがあることもあるので確認しておきましょう。

RGBデータを印刷すると

家庭用のインクジェットプリンターや会社のレーザープリンター、一部のネット印刷サービスなどではRGBデータであっても勝手にCMYKに変換して印刷できます。ただし、印刷された色はCMYKで表現されていますので、ディスプレイで見ていた色とは印象は大きく変わることがあります。使用するインクの種類によっても変わってしまいます。雑誌の印刷会社では分版と言って、C版M版Y版K版に色を分けて順番に印刷するので、CMYKデータの色を忠実に再現しています。印刷会社にCMYKでデータを入稿するのは、こちらの意図した色で忠実に印刷するためとも言えます。

CMYKデータをディスプレイ表示すると

RGBデータが印刷できるように、CMYKデータがディスプレイ表示できないわけではありません。CMYKデータを作るのも結局画面上ですから当然です。RGBのほうが使える色が多いので、CMYKの色は再現しやすいです。しかし、CMYKのままWeb用に画像を作ると、激しく変色して表示されてしまうことがあります。色がおかしいと思ったら疑ってみましょう。なお、同じRGB画像でもディスプレイが違えば見た目の色は変わります。スマホとパソコンで比べてみてもわかります。同じ画像を見ているはずなのにどうも話が噛み合わないというときは、環境の違いも考えてみましょう。

RGBにはsRGBとAdobe RGBがある

RGBの中にも種類があり、sRGBとAdobe RGBはよく出てきます。Adobe RGBはsRGBよりも多くの色を使えますが、非対応のディスプレイが多く、汎用性の面で、Web画像はsRGBで書き出すことが一般的です。色調補正はAdobe RGBの作業環境で行ったほうがカバーできる色が多いので、詳細な調整ができます。特にCMYK変換をする場合にはAdobe RGBのほうが変換による色の差が少なくなります。結局sRGBディスプレイ用の画像を作るという場合は気にしなくてOKです。

印刷の色用語

グレースケール（1色・1C・モノクロ）

いわゆるモノクロと言われたら、一般的には1色データのことです。K版のみで作られます。一見黒に見えていても、CMY が混ざって黒になっていることがありますので注意しましょう。K版データのまま、刷色指定をすることによって特色で印刷もできます。

レジストレーション

C100 M100 Y100 K100 の色のことです。見た目は黒ですが、すべての色が 100%になっています。主には印刷会社の作業用に使う「トンボ」などすべての版に表示するための設定で、中身に使うことはありません。使ってしまうと版ズレの心配が出る他、色の濃度が高すぎて印刷できないことがあります。

重なっている

───── 版ズレ ─────

CMYK の各版の位置がずれて印刷されてしまい、二重線のように見えたり、ぼやけた色になってしまうこと。インクジェット印刷機では起きません。

ダブルトーン（2色・2C）

2色のデータのことです。K に加えて C か M のみで作ることが多いです。特色指定も可能です。

リッチブラック

黒は普通は K100 にしますが、CMY の色をあえて混ぜた黒のことをリッチブラックと言います。20〜30%程度の色を混ぜることが多いです。黒の下にあるアイテムが透けて見えてしまうときの対処法によく使われる他、K100 より黒が増す（リッチな）印象になるので、K100 の黒と組み合わせた表現をする人もいます。無意味にリッチブラックを使うと、印刷時に版ズレが起きたときに混ぜた色が見えてしまう恐れがありますので、必要なとき以外は使いません。

K100　　　　　　　　リッチブラック

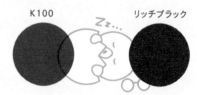

───── 色濃度 ─────

CMYK の各数値を足したパーセンテージのこと。C50 M100 Y0 K20 なら 170%、レジストレーションは 400%となる。印刷会社と用紙の種類によって許容最大濃度は異なり、超えると裏うつりや乾燥不足による汚れが発生することがある。Photoshop では、カラー設定を正しく設定してから CMYK 変換すると自動的に超えない範囲で変換してくれます。

ゴシック、明朝、TTF フォントの話

わりとつまづきやすいフォント。使って良いのか悪いのかも気になります。
種類と特徴を知っていれば、選ぶのが少し楽になります。

otf、ttf

フォントにもいくつか形式があって、代表的なものがオープンタイプ（OpenType Font ／ otf）と、トゥルータイプフォント（TrueType Font ／ ttf）です。Web バナーなどのように、最終的に画像化してしまうのであればあまり関係ありませんが、印刷入稿するのであればオープンタイプでなければいけません。トゥルータイプも使えますが、解像度の問題でアウトライン化が必要です。「フォント検索」の画面で、形式を確認できます。他に、ひと昔前は PS フォント（PostScript Font）という形式が印刷用のスタンダードでした。

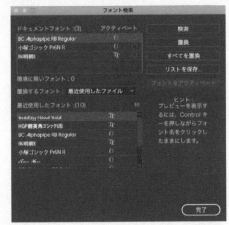

和文フォントと欧文フォント

簡単に言うと、日本語が入力できるフォントが和文フォント、英数字しかないのが欧文フォントです。欧文フォントを選んだまま日本語を入力しても文字が表示されることがありますが、フォントは勝手に変わっているはずです。欧文フォントが記号などを含めても 100 文字程度しか必要ないのに比べ、和文フォントは漢字まで含めると何万という単位の文字デザインが必要で、高価な理由もわかります。Adobe CC でフォントを選ぶ際には、優先して和文フォントが上に出てきます。

pt 数、級数（Q 数）

文字の大きさを表すには pt（ポイント）が一般的ですが、昔から使われる「級数」（単位は Q）という表現が根強く残っています。単位の違いで、1mm＝4Q ≒ 2.83pt ですが、純粋に文字の大きさのことを指して「Q 数アップ」といった表現がいまだに使われています。

代表的なフォント

モリサワ、フォントワークスといったフォントメーカーのフォントは昔からよく使われてきました。Adobe Fonts も便利ですが、印刷会社によっては機械が対応しておらずそのまま入稿できないこともあります。有料のフォントを契約したり購入したりできないなら、無料で使える Google Fonts も便利です。

ゴシック、明朝、セリフ、サンセリフ

ご存知日本語のゴシック体、明朝体。欧文フォントでは " ひげ " の有無でセリフ体、サンセリフ体という似て非なる区分けがあります。

あ	あ	Aa	Aa
ゴシック体	明朝体	セリフ体	サンセリフ体

フォントの使用許諾範囲

購入したフォントは規約を確認しましょう。意外と盲点なのはパソコンに始めから入っている OS 標準フォント。これらはフォントファイル自体のコピーや改変こそ禁止されていますが、グラフィックデザインにおいては使用可能と考えてよいです。特定のアプリをインストールしたら同時にインストールされるフォントもあるので、OS 標準フォントとごちゃごちゃにならないように注意しましょう。フリーフォントは作者によって本当にいろいろです。商用利用の考え方も人それぞれなので規約をよく読みましょう。

グラフィックデザインをする人あるある①

チェッカーが
透明に見える

日常生活でも
⌘+Z押したい

街に溢れる
透明

砂糖と塩を
まちがえた〜

Solt

Suger

！

はっ

やってはみたものの…

ナンカチガウ

お風呂でアイデア
思い付きがち

実際やってみたら
微妙…

Section3

Art Work

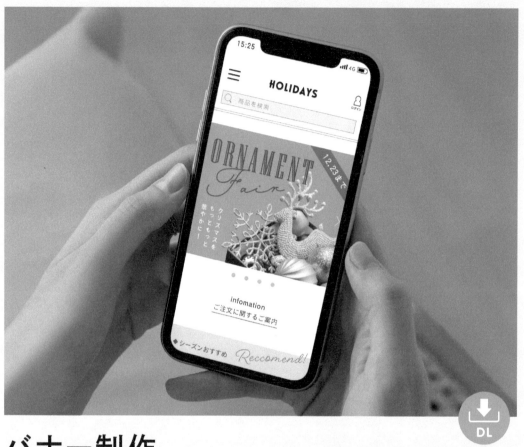

バナー制作

Display Banner Production

実際にデザイン制作を行いながら、操作の練習をしてみましょう！
最初の題材はバナーです。今回はPhotoshopだけを使って制作を完結させます。

題材	ECサイトのバナー
仕様	サイズ：336 × 280px カラーモード：RGB 解像度：72ppi
素材	・テキスト ・画像

デザインイメージ

Ornament
Fair

12.23まで

画像

コピー

・大人女子向け
・落ち着いた感じ
・高級感出す

ゴールドベースで
クリスマスっぽく

この指示書をもとに
制作よろしくです！

STEP 01

ドキュメント作成 & 保存

Photoshop を立ち上げて、制作スタートです!
ベースができたら一旦保存しますが、この後もこまめに「上書き保存」を徹底して。

1. 新規ドキュメントを作成

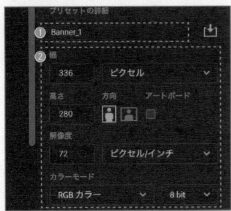

[⌘ + N] キーを押し、新規ドキュメントのダイアログを開く。 　Win [Ctrl+N] キー

任意のファイル名❶を入力。仕様に合わせてサイズ・解像度・カラーモード❷を指定。右下の [作成] をクリック。

新規ドキュメントのカンバスが表示される。

2. 保存

[shift + ⌘ + S] キーを押し、保存のダイアログを表示。 　Win [Shift+Ctrl+S] キー

保存場所を指定し、右下の [保存] をクリック。

案件ごとにフォルダを分けよう

デスクトップや、無関係なデータが入っている既存のフォルダに保存するのはX。新規フォルダにわかりやすい名前を付けて。

Ps

STEP 02 ガイド作成

いきなり雰囲気で作業を始めるのではなく、まずはガイドを置きましょう。
中央に十字のガイドを置くと、レイアウト作業時にバランスが取りやすくなります。

1. 定規を表示

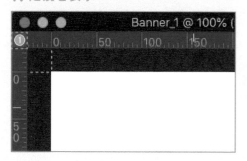

[⌘＋R]キーを押す。ドキュメント
ウィンドウに定規が表示される。

Win [Ctrl＋R]キー

上の定規と左の定規の交点❶を
ダブルクリックし、始点をカンバ
スの左上に合わせる。

2. ガイドを作成

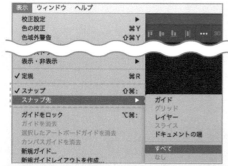

メニューバーから[表示→スナッ
プ]をクリックし、チェックが入っ
ている状態にする。

> 既に入っている場合、再度ク
> リックするとチェックが外れて
> しまうので注意。

[スナップ先→すべて]をクリック。

ドキュメントウィンドウの上と左の
定規❷をクリックしてからそれぞ
れドラッグし、中心でガイドがス
ナップされたらドロップ。

> スナップをオンにして移動させ
> ると、中心に吸着してくれる。

*ガイドの形や位置は
デザイン内容に合わせて
臨機黄変に！*

STEP 03 背景作成

事前に手描きラフなど描いて、大まかなレイアウトを決めておくと◎
今回は指示書に描かれたデザインイメージを元に、まずは背景から作成していきます。

1. 描画色を指定

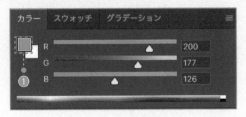

カラーパネルで描画色❶をクリックして選択。スライダーを動かして任意の色を指定。

数値を直接入力してもOK。

2. 背景を塗りつぶす

レイヤーパネルの「背景」レイヤーをクリックして選択。

[option + delete] キーを押して、描画色で塗りつぶす。

Win [Alt+Delete] キー

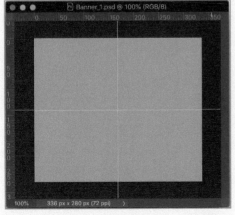

173

STEP 04 素材の仮配置

料理をするとき、事前に使う食材や調味料をキッチンに揃えておくのと同じように、デザインでも、使用する素材をカンバス上に揃えておくと効率が上がります。

1. 画像をスマートオブジェクトとして配置

配置したい画像データをカンバス上にドラッグ。

> 画像は PSD 形式・RGB に変換しておく。

カンバス上に画像が表示されたら、[return] キーを押して配置を決定。レイヤー名をダブルクリックし、分かりやすい名前を付ける。

 Win [Enter] キー

> ドラッグ&ドロップで配置するとスマートオブジェクトとして配置される❶。

2. テキストを配置

[T] キーを押し、テキストツールに切り替え。カンバス上でクリックするとカーソル❷が表示される。任意のテキストを入力したら、[⌘+ return] キーを押して確定。

Win [Ctrl+Enter] キー

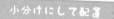

小分けにして配置

全文を一つのテキストレイヤーに打ってしまうと、個別の移動ができない&個別の設定変更がしづらくて不便。

同じ手順で全てのテキストを配置。

コピペがベスト！

テキストが支給されている場合など、ソースがある場合は手打ちせずにコピー&ペーストすることでミスを防ごう。

3. テキストの組み方向を変更

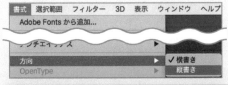

縦書きにしたいテキストを選択。
メニューバーから［書式→方向→
縦書き］を選択。

複数選択して一気に適用も可
能。

縦書き文字ツールと使い分けよう

テキストが複数ある場合は、いちいちツールを切り替えるよりも
ひとまず全部横書きで置いてしまったほうが効率的。

4. レイヤーを整理

全ての素材がそろったら、レイヤー
順やレイヤー名を整えておく。

レイヤーが
散らからないように
常に整理です

STEP 05 画像の切り抜き

全ての要素を仮置きしたら、いよいよデザイン作業に入っていきます。
今回、写真は被写体のみを載せたいので、まずは画像の切り抜き作業から始めます。

1. 位置とサイズを仮調整

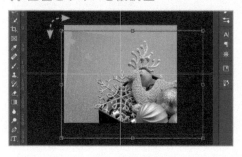

テキストは非表示にしておいても◎

編集中の要素以外のオブジェクトが作業の邪魔になるようなら、一時的にレイヤーを非表示にしておくのがおすすめ。

[V] キーを押して選択ツールに切り替える。画像を選択してバウンディングボックスを表示。位置や角度、サイズを調整。

2. 選択範囲を作成

レイヤーサムネール❶をダブルクリック。子データであるスマートオブジェクトが別ウィンドウで開く。

画像のレイヤーを選択。メニューバーから [選択範囲→被写体を選択] をクリックして、切り抜きたい範囲を選択。

自動選択ツールなど
他の方法でも
もちろんOKです

小さく使うならほどほどで大丈夫

切り抜き作業は、つい画像を拡大して細部までこだわってしまいがち。使用するサイズの状態でキレイに見えれば問題なし。

3. レイヤーマスクを作成

選択範囲の破線が点滅している状態で、レイヤーパネル下部の [レイヤーマスクを追加❶] をクリック。画像にマスクがかかる。

STEP 06 画像補正

スマートオブジェクトを開いている状態で、そのまま補正も行いましょう。
撮ったままの写真は暗かったり、照明の色の影響を受けている(色被り)可能性があります。

1. 全体の明るさ・色味を補正

色調補正パネルから［レベル補正❶］をクリック。属性パネルにヒストグラム❷が表示される。スライダーを動かして明るさを調整。

色調補正パネルから［色相・彩度❸］をクリック。属性パネルにスライダー❹が表示される。色相のスライダーを動かして、色味を調整。

2. 一部の色相を変更

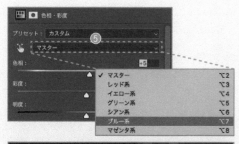

1で作成した色相・彩度レイヤーを引き続き編集。調整したい箇所の色の系統をプルダウン❺から選択。色相のスライダーを移動し、任意の色に調整。

完了したら［⌘＋S］キーを押して保存し、ウィンドウを閉じる。バナーのデータに配置しているスマートオブジェクトに編集内容が反映される。

せっかくなので青い箱を
クリスマスカラーの
緑に変えてみましょう

Win ［Ctrl+S］キー

177

レイアウト & テキストデザイン

画像を切り抜いたことで全体のイメージが付きやすくなりました。
テキストも含めて全体レイアウトを行いましょう。フォントや色も決めていきます。

1. テキストのサイズ&位置を仮調整

[V] キーを押して選択ツールに切り替える。テキストを選択し、バウンディングボックスを使って、サイズを調整。

まずはざっくりと
あとでフォントを変えると、サイズ感や字間も変わってしまう。細かな調整は後回しにしてOK。

先に置いた画像も含めて各要素の位置を調整し、おおまかに全体レイアウトを組む。

オプションバーのツールオプションが「シェイプ」になっていることを確認。

2. テキストに組み合わせる帯を作成

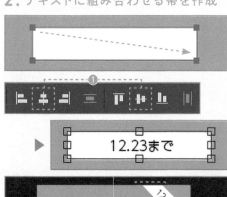

ツールバーから [長方形ツール] を選択。ドラッグして長方形を作成。

シェイプを使用
後から変形する可能性がある場合、シェイプツールで作っておかないと変形時に描写が荒れてしまう恐れがある。

テキストと長方形の両方を選択し、オプションバーの整列ボタンから両方向の中央揃え①をクリック。

揃えたら、レイヤーをリンクして連動できるようにしておく。

バウンディングボックスを使って回転させ、移動位置を決めたら [return] キーを押して確定。

Win [Enter] キー

3. フォント選び & 字間・行間調整

テキストを選択。文字パネルから
フォント❷を選ぶ。フォントが決
まったら、文字サイズ❸と行間❹
を調整。カーニング❺はオプティ
カルかメトリクスを選択。トラッキ
ング❻に任意の数値を入れて字
間を調整。

同じ手順で全てのテキストをデザ
イン。

オプティカルとメトリクス

どちらも自動字詰めの設定。オプティカルはソフトが字形に
合わせて処理をしてくれ、メトリクスはフォントが持つ情報を参
照して処理をしてくれる。好みで選んでOK。

4. 色変更

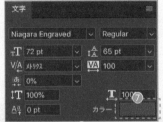

テキストを選択。文字パネルのカ
ラー❼をクリック。カラーピッカー
が表示される。任意の色に指定
し、[OK] をクリック。テキストに
色が適用される。

2で作成した帯（長方形）のレイ
ヤーを選択。オプションバーか
ら塗り❽をクリック。プルダウン
からカラーピッカー❾をクリック
し、任意の色に設定したら右上
の [OK] をクリック。帯の色が変
更される。

ときどきガイドを
非表示にして
仕上がりイメージを
確認しましょう

179

仕上げ＆納品データ作成

全体をもう一度確認＆必要があれば微調整して、デザインを仕上げます。
最後に納品用データとして体裁を整えれば完成です！

1. レイアウト最終調整

［⌘＋1］キーを押してカンバスを原寸表示にする。微調整したいオブジェクトを選択し、キーボードの矢印キーから移動したい方向を押す。

Win ［Ctrl+1］キー

> **！ 表示サイズが重要**
> 原寸表示だと、1押しで1ピクセル分動かすことができる。50％表示だと1押しで2ピクセル分動くので要注意。

2. JPG・GIF・PNG形式に書き出し

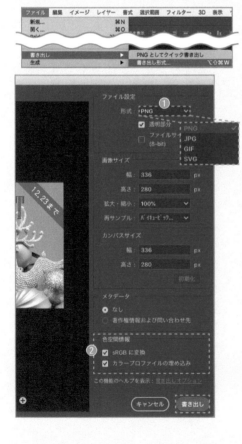

メニューバーから［ファイル→書き出し→書き出し形式 ...］をクリック。

ダイアログが表示される。右上の形式❶から、任意の形式を選択。色空間情報の2項目❷にチェックを入れる。右下の「書き出し」をクリック。

> **色空間情報の設定の理由**
> カラープロファイルを埋め込まないと、環境やデバイスによって色が変わってしまう可能性がある。ほとんどのディスプレイが対応している sRGB に変換→埋め込んでおけば安心。

同じ手順で各形式の画像を作成。

完成！

Web用画像 納品前チェックリスト

	チェック項目	判断基準	
デザイン	誤字・脱字	テキストソース or 辞書 など	☐
	可読性・可視性	原寸サイズで確認	☐
データ	サイズ	クライアント指定	☐
	保存形式	クライアント指定	☐
	カラー設定	RGB（sRGB）	☐
	解像度	72ppi	☐
	重さ	1MB 以下 ※サイズにもよる	☐

店頭POP制作

POP display Production

次の題材は印刷物です。Web用画像とは異なる注意点やポイントが多々あるので要チェック！
IllustratorとPhotoshopの両方を使って制作していきます。

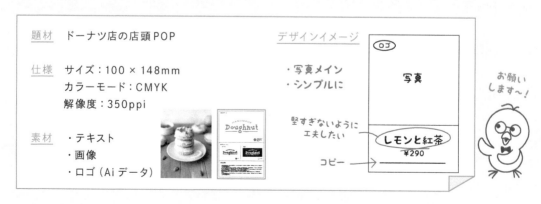

題材	ドーナツ店の店頭POP
仕様	サイズ：100 × 148mm カラーモード：CMYK 解像度：350ppi
素材	・テキスト ・画像 ・ロゴ（Ai データ）

デザインイメージ

・写真メイン
・シンプルに

堅すぎないように
工夫したい

コピー

お願い
します〜！

STEP 01 ドキュメント作成と保存

まずは Illustrator を立ち上げて、Ai データでベースを作ります。
今回は印刷物なので、裁ち落としの設定を忘れずに！

1. 新規ドキュメントを作成

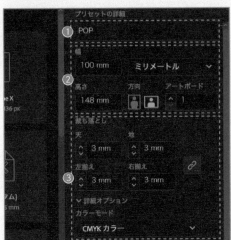

[⌘+N] キーを押し、新規ドキュメントのダイアログを開く。

Win [Ctrl+N] キー

任意のファイル名❶を入力。仕様に合わせてサイズ❷を指定。裁ち落としはそれぞれ3mm、カラーモードは CMYK を指定❸。右下の [作成] をクリック。

新規ドキュメントのアートボードが表示される。

2. 保存

[⌘+S] キーを押し、ダイアログを表示。

Win [Ctrl+S] キー

保存場所を指定し、右下の [保存] をクリック。

専用のフォルダ
作ってくださいね

レイヤー準備 & トリムマーク(トンボ)作成

初めにレイヤーを準備しておくと、後の作業がスムーズです。

必須となるトリムマークも先に作成し、誤操作防止のためにロックしておきましょう。

1. レイヤー作成 & 整理

レイヤーパネル下部の「新規レイヤーを追加❶」をクリック。必要な数のレイヤーを追加。

レイヤー数は程々に
細かく分けすぎるとかえって作業しづらくなる。図のようなざっくり分け程度が◎

レイヤー名❷をダブルクリックし任意の名前を入力。

2. トリムマークを作成

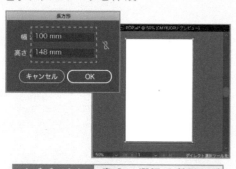

トリムマークを配置したいレイヤーを選択。[M] キーを押して長方形ツールに切り替える。ウィンドウ内でクリックし、ダイアログを表示。アートボードサイズを入力し[OK] をクリック。長方形が作成される。

長方形を選択した状態で、カラーパネルで塗りと線を「なし」に設定。整列パネルまたはコントロールパネルで、アートボードの中心に整列。

整列の基準を「アートボードに整列」に設定。両方向の中央揃えボタンをクリック。

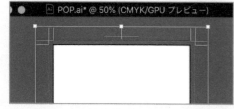

メニューバーから [オブジェクト→トリムマークを作成] をクリック。長方形に対してトンボが作成される。レイヤーにロックをかける。

STEP 03　ガイド作成

十字の中心線の他にもうひとつおすすめなのが、余白の目安となるガイドを置くことです。
天地左右に均等な余白を設けると、バランスの良いデザインに仕上がります。

1. 十字のガイドを作成

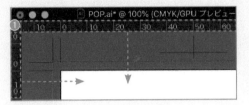

[⌘ + R] キーを押してドキュメント
ウィンドウに定規❶を表示。ガイ
ドを作成したいレイヤーを選択し、
上と左の定規をクリックしてからド
ラッグ＆ドロップ。両ガイドを選
択し、整列で中央揃えにする。

`Win` [Ctrl+R] キー

> ガイドが選択できない場合は
> [⌘ + option + ;] キーを押し
> てガイドのロックを解除。

`Win` [Ctrl+Alt+;] キー

2. 余白用のガイドを作成

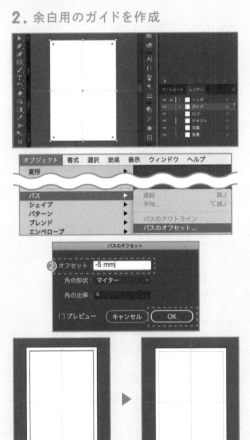

[M] キーを押して長方形ツールに
切り替え、アートボードサイズの
長方形を作成。整列で中央揃え
にする。

長方形を選択した状態で、メ
ニューバーから [オブジェクト→
パス→パスのオフセット …] をク
リック。ダイアログが表示される。

「オフセット❷」に周囲に設けた
い余白の数値をマイナスで入力。
右下の [OK] をクリック。

初めに作成した長方形は削除し、
オフセットで作成した方の長方形
を選択。[⌘ + 5] キーを押してガ
イドに変換。レイヤーにロックを
かける。

`Win` [Ctrl+5] キー

ベースの下準備は
これで完了です

Ps

STEP 04 画像の下準備

画像は必ず、カラーモード・解像度・保存形式（拡張子）を確認＆整える必要あり！
できていないと、画面上ではわからなくても印刷時に正しく印刷されなくなってしまいます。

1. カラーモードを変更

画像を Photoshop で開く。メ
ニューバーから［イメージ→モー
ド］を選択し、［CMYK カラー］
に変更。

2. 解像度を変更

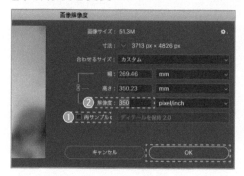

［⌘＋ option ＋ I］キーを押し、　　　Win ［Ctrl+Alt+I］キー
画像解像度のダイアログを表示。
再サンプル①のチェックを外す。
解像度②に「350」と入力。右
下の［OK］をクリック。

3. 拡張子を変更して保存

［⌘＋ shift ＋ S］キーを押し、別　　　Win ［Ctrl+Shift+S］キー
名保存のダイアログを開く。保存
場所を指定し、フォーマットのプ
ルダウン④から［Photoshop］を
選択。右下の［保存］を押す。

Ai データと同じフォルダに保存

この画像はあとで Ai 内にリンク配置するデータ。リンクデータは
親である Ai データと同じフォルダ内にあることが望ましい。

STEP 05 画像修正 & 補正

画像の下準備ができたので、そのまま修正や補正を行いましょう。

汚れ・または汚れに見え兼ねない箇所は、修正ツールできれいにしておくと好印象です。

1. 汚れを修正

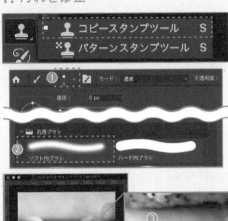

ツールバーから「コピースタンプツール」を選択。

オプションバーからブラシプリセット❶をクリックし、「ソフト円ブラシ❷」を選択。カーソルが円に変化する。[「」] キーと [」] キーを押して、ブラシ直径を調整。

画像のレイヤーを選択。[option] キーを押してカーソルが❸になった状態で、コピーしたい部分をクリック。

Win [Alt] キー

新規レイヤーを作成して選択。消したい箇所の上でドラッグして、コピーした画像をペイント。

わかりやすい
レイヤー名を
つけておきましょう

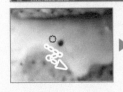 ▶

直に修正しない！

元の状態のレイヤーは残しておくのが安心。画像のレイヤーに直接描画するのではなく、上に別レイヤーを重ねよう。

2. 全体の明るさを調整

色調補正パネルから [レベル補正] をクリック。属性パネルにヒストグラムが表示される。スライダーを動かして明るさを調整。

STEP 06 素材の仮配置

Illustratorは、アートボード外のスペースにもオブジェクトを置くことができます。
STEP 02で準備しておいたレイヤーに、それぞれの素材を仮配置しましょう。

1. 画像をリンク配置

Illustratorに切り替えて、画像を配置したいレイヤーを選択。

[⌘ + shift + P] キーを押して配置のダイアログを表示。STEP 04で保存した画像を選択し、リンク❶にチェックを入れた状態で右下の [配置] をクリック。

Win [Ctrl+Shift+P] キー

ウィンドウ上のいずれかの箇所でクリック。画像が配置される。

2. テキストを配置

テキストを置きたいレイヤーを選択。[T] キーを押して文字ツールに切り替える。

アートボードの任意の位置でクリック。サンプルテキストが表示されたら、そのまま任意のテキストを入力、またはソースからコピーしてペースト。[⌘ + return] キーを押して確定。

Win [Ctrl+Enter] キー

同じ手順で全てのテキストを配置。

「テキストは小分けに」覚えてますか?

3. ロゴを配置

POPデータとは別にロゴのAiデータを開く。使用するロゴのオブジェクトを選択し、[⌘+X] キーを押して切り取り。 Win [Ctrl+X] キー

> **移動時の「選択し忘れ」に要注意！**
> ●コピーではなく「切り取り」をすると忘れ物に気づきやすい。
> ●複数オブジェクトの場合は事前にグループ化すると◎

ロゴのデータを閉じ、POPデータに戻る。

ロゴを配置したいレイヤーを選択。[⌘+V] キーを押してロゴをペースト。 Win [Ctrl+V] キー

> **❶ 勝手にレイヤーが増えた?!**
> レイヤーパネル右上のオプションをクリックし、プルダウンから「コピー元のレイヤーにペースト」にチェックが入っていないか確認。オンの状態だとコピー元のレイヤー構造もペーストされるため、自動的にレイヤーが増えてしまう。

4. ウィンドウ内を整理

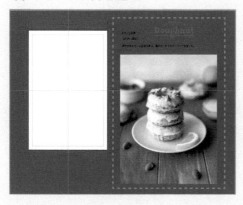

素材をそれぞれ扱いやすいサイズにし、一旦アートボード外へよけておく。

STEP 07　画像のトリミング

具体的なデザイン作業は、メインとなる要素から始めるのがおすすめです。
まずは長方形にひと手間加えたオリジナルの図形で、画像をトリミングしてみましょう。

1. 長方形を作成

画像を配置したレイヤーを選択。
[M] キーを押して長方形ツールに
切り替える。裁ち落としサイズの
長方形を作成。整列で中央揃え
にする。

形状が見やすいように、線パネル
で適当な線幅を指定しておく。

2. 波線を作成

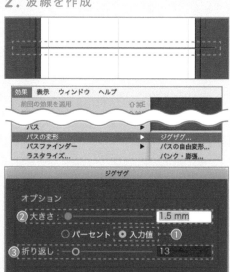

[¥] キーを押して直線ツールに切
り替える。[shift] キーを押しな
がら横にドラッグし、長方形より
も少し長めの線を作成。整列で
アートボードの左右に対して中央
揃えにする。

線が選択されている状態で、メ
ニューバーから [効果→パスの変
形→ジグザグ ...] を選択。ジグ
ザグのダイアログが表示される。

入力値❶にチェックを入れ、大き
さ❷で波の幅、折り返し❸で波の
数を指定。「滑らかに❷」にチェッ
クを入れる。波線の形状ができた
ら、[OK] をクリック。

3. 長方形を波線で分割

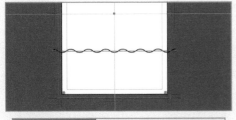

波線を選択。[shift] キーを押しながら上下にドラッグして、分割したい位置に移動。波線を選択した状態で、メニューバーから [オブジェクト→アピアランスを分割] を選択。波線が効果の擬似表現からパス表現に変化する。

複製はアートボード外に避けておいても◎

分割前に保険の「複製」
あとで形状変更が必要になったときのためにアピアランス分割前の波線をとっておこう。

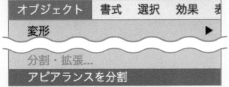

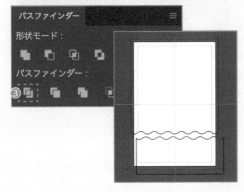

レイヤーパネルで、波線が長方形の上にあることを確認。
写真
<直線>
<長方形>

長方形と波線の両方を選択。パスファインダーで [分割❸] をクリック。長方形が波線で分割される。[⌘+ shift + G] キーでグループを解除し、下部の不要部分は削除。

Win [Ctrl+Shift+G] キー

4. クリッピングマスクを適用

 ▶

画像をアートボード内に移動し、作成した図形にあてがいながら、バウンディングボックスでサイズ&位置を調整。画像と図形の両方を選択。

レイヤーパネルで、図形が画像の上にあることを確認。

[⌘+ 7] キーを押してクリッピングマスクを作成。[A] キーを押してダイレクト選択ツールに切り替え、画像のみを選択してサイズ&位置を微調整。

Win [Ctrl+7] キー

レイアウト & テキストデザイン

主役画像が概ね整ったので、残りの要素もレイアウトしていきましょう。
テキストの大きさは、実際にモノになったときのサイズ感を意識するのがポイントです。

1. ロゴをレイアウト

比率をキープするために必ず
[shift] キーを押しながら。

ロゴを選択し、バウンディングボックスでサイズ調整。ガイドに沿って左上に配置。ロゴのレイヤーをロック。

ここでも
誤操作防止ロック
です！

2. テキストのサイズ & 位置を仮調整

全てのテキストを選択し、段落パネルで中央揃え❶を選択。整列でアートボードの左右に対して中央揃えにする。バウンディングボックスでサイズと位置を調整し、おおまかに全体レイアウトを組む。

3. フォント選び & 字間・サイズ調整

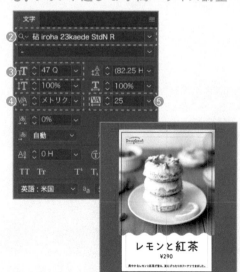

個別にテキストを選択。文字パネルでフォント❷・サイズ❸を指定。カーニング❹でオプティカルかメトリクスを選択し、トラッキング❺で任意の数字を入力して字間を調整。

同じ手順で全てのテキストをデザインし、再度レイアウトを調整。

STEP
09　背景作成

これだけでは少し寂しい印象なので、背景の一部にパターンを敷きます。
シンプルなストライプなら、パターンスウォッチを作るよりもブレンドツールが手軽です。

1. 縦線を作成

背景のレイヤーを選択。[¥] キーを押して直線ツールに切り替える。[shift] キーを押しながら垂直にドラッグし、縦線を作成。

線パネルまたはコントロールパネルから線幅を指定。カラーパネルで線の色を指定。

> 塗りは「なし」に。

2. ブレンドでストライプを作成

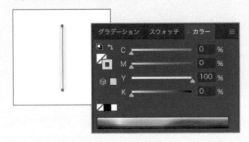

縦線をアートボードの左端より少し内側に配置。[option + shift] キーを押しながらド水平にラッグして、右端より少し内側でドロップし複製。

Win [Alt+Shift] キー

断裁時のズレを考慮すべし

アートボード (=仕上がりサイズ) の端ぴったりにオブジェクトを置くと、印刷後の断裁で 0.1mm ズレただけでも目立ってしまう。切れないよう内側に入れる or 意図的に見切れさせるのか◎

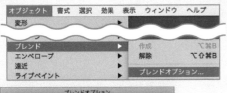

2つの縦線を選択した状態で、[⌘ + option + B] キーを押してブレンドを作成。メニューバーから [オブジェクト→ブレンド→ブレンドオプション] を選択。ダイアログが表示される。「間隔❶」のプルダウンから「ステップ数」を選択し、2つの縦線の間に増やしたい数を入力。右下の [OK] を押す。

Win [Ctrl+Alt+B] キー

> プレビュー❷にチェックで確認。

整列でアートボードの左右に対して中央揃えにし、下の裁ち落としラインまで足りるように移動。

裁ち落としライン

STEP 10 イラスト作成

ペンツールや図形ツールで、文字に組み合わせる簡単なイラストを作成しましょう。
フォントをそのまま使うよりも、オリジナリティを出すことができますよ。

1. 葉っぱを描く

テキストを配置しているレイヤーを選択。[P] キーを押してペンツールに切り替える。パスを打って、葉っぱの形を描く。

色は形状が見やすいように仮で指定しておくと◎

最後のアンカーポイントは、始点と接続しておく（パスを閉じておく）こと。

2. しずく形を作成

[L] キーを押して楕円形ツールに切り替える。[shift] キーを押しながらドラッグして正円を作成。

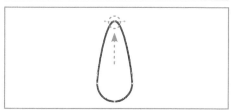

[A] キーを押し、ダイレクト選択ツールに切り替える。上のアンカーポイントをクリックして選択。[shift] キーを押しながら上へドラッグして移動。

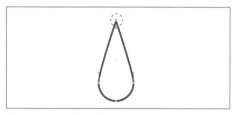

[shift + C] キーを押してアンカーポイントツールに切り替え、上のアンカーポイントをクリック。ハンドルが消え、直線的な表現になる。

3. 色を設定

作成したオブジェクトを選択。カラーパネルの塗りを選択し、色を設定。線はなしにする。

組み合わせる文字にあてがいながら作ってもOKです

4. テキストと組み合わせる

レモンと紅茶

レモンと紅茶

レモンと紅茶

組み合わせたいテキストを選択。[⌘ + shift + O] キーを押してアウトライン化する。 Win [Ctrl+Shift+O] キー

[A] キーを押してダイレクト選択ツールに切り替える。イラストに置き換えたい部分だけを選択し、[delete] キーを押して削除❶。

削除した部分にそれぞれイラストを配置。バウンディングボックスで、サイズ・角度を調整。

しずくのイラストを選択。[option + shift] キーを押しながら、右に向かって水平にドラッグして複製❷。[O] キーを押してリフレクトツールに切り替える。[shift] キーを押しながらカーソルを左方向にドラッグして、傾きを保ったままで反転❸。位置を調整する。 Win [Alt+Shift] キー

オブジェクトを全て選択し、[⌘ + G] キーを押してグループ化する。 Win [Ctrl+G] キー

STEP 11 データ整備 & PDF書き出し

デザインができあがったら、入稿用のデータとして整えましょう。
Aiデータのまま入稿する場合もありますが、よくあるPDF入稿の方法を紹介します。

1. 不要オブジェクト&スウォッチ削除・フォントのアウトライン化

> 整備前にAiデータをまるごと複製し、とっておくこと。

① ￥290

不要なオブジェクトを削除。スウォッチパネルで未使用スウォッチを削除。レイヤーパネルでレイヤーロックを全て解除。[⌘ + option + 2] キーを押してオブジェクトのロックを解除。[⌘ + A] キーを押して全選択。[⌘ + shift + O] キーを押し、フォントをアウトライン化①。

> **Win** [Ctrl+Alt+2] キー
>
> **Win** [Ctrl+A] キー
>
> **Win** [Ctrl+Shift+O] キー

> **全選択が安心！**
> フォントを1つずつ手動で選択すると、選択し忘れや誤操作のリスクがある。

2. PDF書き出し

[⌘ + shift + S] キーを押して別名保存のダイアログを表示。「ファイル形式①」のプルダウンから「Adobe PDF(pdf)」を選択。右下の[保存]をクリック。Adobe PDFのダイアログが表示される。「Adobe PDFプリセット」から「[PDF/X-1a:2001(日本)]②」を選択。

> **Win** [Ctrl+Shift+S] キー

> 450ppiを超える画像を350ppiに圧縮してくれる設定。

[圧縮③]をクリック。「カラー画像」と「グレースケール画像」が「350ppi 次の解像度を超える場合450ppi④」になるよう数値を変更。

> 13mm = Aiデータ内に置いたトリムマークまで見える状態にする設定。

[トンボ裁ち落とし⑤]をクリック。「裁ち落とし⑥」をそれぞれ「13mm」に変更。右下の[PDFを保存]をクリック。

完成！

レモンと紅茶

¥290

爽やかなレモンと紅茶が香る、夏にぴったりのドーナツできました。

ここまでよく
頑張りましたね…！

うる
うる

印刷物 入稿前チェックリスト

	チェック項目	判断基準	
デザイン	誤字・脱字	テキストソース or 辞書 など	☐
	可読性・可視性	原寸出力して確認	☐
	塗り足し	裁ち落としラインまで足りているか	☐
Aiデータ	サイズ	クライアント指定	☐
	保存形式	クライアント指定	☐
	カラー設定	CMYK	☐
	フォントのアウトライン化	-	☐
	未使用スウォッチの消し忘れ	-	☐
	不要なオブジェクトの消し忘れ	-	☐
画像	カラー設定	CMYK	☐
	解像度	350ppi	☐

照れます

イイトコドリ先輩の

デスクのぞき見！

❶ デスクトップパソコン

メインで使用するパソコン。画面が指紋で汚れがちなのでこまめに拭きます。

❷ サブモニター

メインのパソコンと連動しています。モニターで資料を開き、メインのパソコンでデザイン作業をするなど便利に使っています。

❸ キーボード＆マウス

サブモニターや外付けHDDなどケーブルが多いので、無線のものを使っています。

❹ ノートパソコン

会議や取引先に出向くときなどの持ち運び用。お気に入りのステッカーを貼っています。

❺ 資料・書籍

参考書籍や資料は常に整理しています。ペーパーレス化が進んではいますが、やっぱり紙のほうが見やすいものもあります。

❻ チョコレート

集中力が切れてしまいそうな夕方頃に、ぱくっと食べてリフレッシュしています。

Section4

InDesign

InDesignのワークスペース

InDesignも基本の作りはPhotoshop & Illustratorとだいたい同じです。ただし、ページ物やテキスト主体のデザイン制作に特化したソフトなので、機能面で差があります。

コントロールパネル

ツールバー　　　　　　　ドキュメントウィンドウ　　　　　　　パネル

焦らなくて大丈夫です

ショートカットキーが使えない！？

ショートカットキーはPhotoshop・Illustrator間でも多少異なりますが、InDesignはさらに異なるため、思っていたものとは違うリアクションにびっくり！ ということも最初はよくあります。メニューやツールにはショートカットキーが書かれているので要チェック！

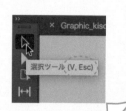

How To 操作方法

● ツールバーの基本操作

• 格納ツールを表示する

アイコン左下に三角マーク❶のあるツールボタンを長押し。格納されている関連ツールアイコンが表示される。

● パネルの基本操作

• 移動

パネルのタブ❷をドラッグ&ドロップ。

• パネルを折りたたむ／展開

パネルが展開されている状態で、タブ❷をダブルクリックすると折りたたむ。折りたたんだ状態からタブ❷を1回クリックで展開。

● ウィンドウの表示モードを切り替え

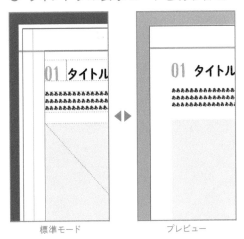

標準モード　　　　　プレビュー

• 標準モード／プレビュー

[W] キーを押す。押す度に標準モードとプレビューに切り替わる。

こんな風に使おう

レイアウト作業中はガイドなどが見える標準モード、仕上がりに近い見え方で確認・調整をしたい時はプレビュー。

Q. 新規ドキュメントの
選択肢が2つ…
どっちを選べばいい?

A.
文章メインなら…
レイアウトグリッド

ビジュアル重視なら…
マージン・段組

InDesign ではドキュメントの作成方法が2種類あります。
選び方に絶対的なルールはないので、制作物に合わせて使いやすいほうを選べばOK。

● プリセットの切り替え　　　　　　　　　　● 新規ドキュメント作成のダイアログ

● サイズ
● 綴じ方
● 見開き
レイアウトグリッド… - - ▶ A へ
マージン・段組… - - ▶ B へ

📖 綴じ方とは

制作物を冊子として綴じる際の方向。一般的に本文が縦書きの場合は右綴じ、横書きの場合は左綴じとすることが多い。

📖 マージンとは

文字など大事な要素が切れないように設ける余白のこと（P.030にも登場）。InDesign を使うときはページ物を作成することがほとんどなので、印刷を考えてマージンは必須と言える。ページの上側が「天」、下側が「地」、内側（本を開いたときの中央）が「ノド」、外側が「小口（こぐち）」と言う。広さの決まりはないが、ノドは本になると見にくいので小口より広めのことが多い。

文章量が多く同じ体裁が続く制作物向き
（小説、文芸誌など）

A レイアウトグリッドのダイアログ

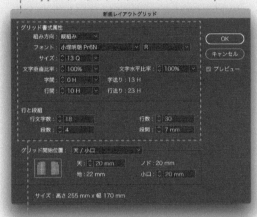

自由度の高さを要する制作物向き
（パンフレット、写真集など）

B マージン・段組のダイアログ

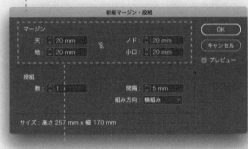

2つの違いは
ベースのガイドです

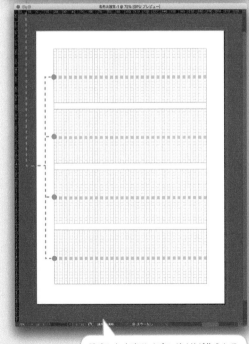

設定した文字サイズのガイドが作られる

マージンのガイドのみが作られる

※ OS・バージョンによって、「ノド」「小口」ではなく「左」「右」と表示される。

● 新規作成の基本操作

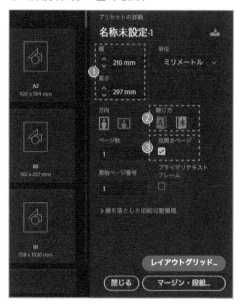

[⌘ + N] キーを押して新規ドキュ　Win [Ctrl+N] キー
メントのダイアログを表示。

> 見開きではなくページ単位の
> サイズを入力。ダイアログ左
> 側のプリセットから選択しても
> OK。

ダイアログ右側の幅と高さ❶に数
値を入力。綴じ方❷を指定。制
作物が見開きの場合は、「見開き
ページ❸」にチェックを入れる。

[レイアウトグリッド ...] または
[マージン・段組 ...] をクリック。

● レイアウトグリッドの設定方法

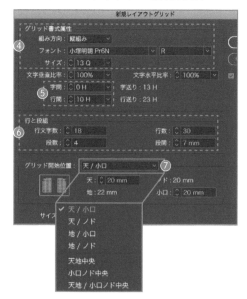

新規レイアウトグリッドのダイアロ
グとドキュメントウィンドウが表示
される。

> 組み方向＝縦書き or 横書き。

「グリッド書式属性」で文字の組
み方向、本文に使用するフォン
ト、サイズ❹をプルダウンから指
定。字間・行間❺を指定。「行
と段組❻」で 1 ページに対する文
字組の行と段数を指定。

> レイアウトグリッドは
> 経験者向きですね

最初にフォントを決める理由

指定したフォントのサイズや字間・行間などに合わせて、グリッ
ド（ガイド）が作られるため。

「グリッド開始位置❼」をプルダウ
ンから選択。

右上の [OK] をクリック。

> プレビューにチェックを入れて
> ドキュメントを見ながら選択。

● マージン・段組の設定方法

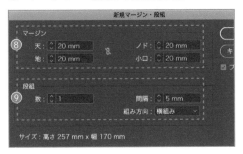

新規マージン・段組のダイアログ
とドキュメントウィンドウが表示さ
れる。

「マージン❽※」に任意の数値を
入力。「段組❾」で段数とその間
隔、組み方向を指定。

右上の [OK] をクリック。

※ OS・バージョンによって、
「ノド」「小口」ではなく
「左」「右」と表示される。

● ドキュメント作成後の設定変更

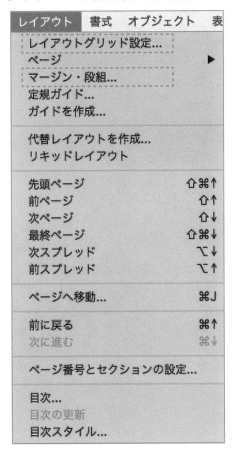

メニューバーから [レイアウト]
→ [レイアウトグリッド…] また
は [マージン・段組 …] をクリッ
ク。ダイアログが再度表示される
ので、任意の内容に修正し [OK]
をクリック。

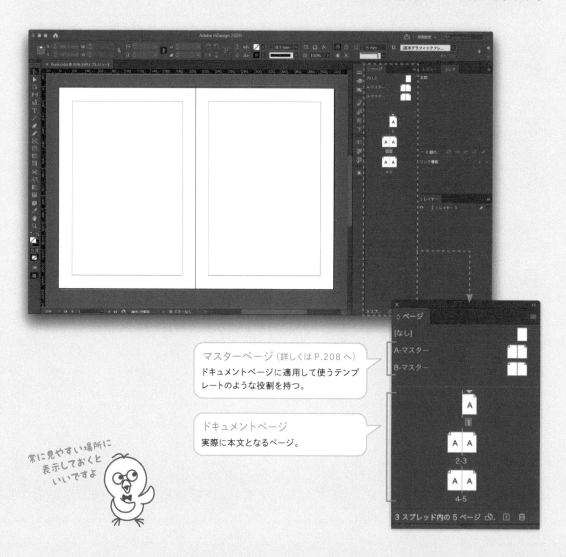

Q. ページの増減や順序変更はできる？

A. ページパネルでいつでも可能

ページの管理全般はページパネルで行います。
他にも任意のページをすぐに表示させたり、ドキュメント全体を把握するのに役立ちます。

マスターページ（詳しくは P.208 へ）
ドキュメントページに適用して使うテンプレートのような役割を持つ。

ドキュメントページ
実際に本文となるページ。

常に見やすい場所に表示しておくといいですよ

How To 操作方法

● ページパネルの基本操作

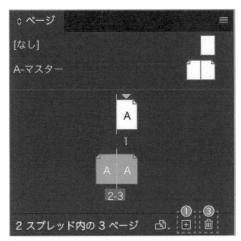

● サムネールの表示／非表示

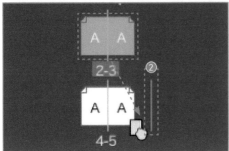

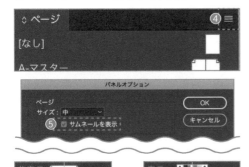

うまく選択できない…
アイコンをクリックで片ページ単位、アイコン下のページ数をクリックで見開き単位で選択できる。

・ 追加

追加したい箇所のひとつ前のページを選択。パネル下部の＋マーク❶をクリック。

・ 順序変更

該当ページをドラッグ。移動したい箇所のひとつ前のページのアイコン右側にカーソルを近づけ、縦線❷が表示されたらドロップ。

・ 複製

該当のページアイコンを、パネル下部の＋マーク❶までドラッグ＆ドロップ。

複製されたページはドキュメントの最後尾に追加される。

・ 削除

該当のページを選択。パネル下部のゴミ箱マーク❸をクリック。

・ 任意のページに飛ぶ

任意のページアイコン、またはページ数をダブルクリック。

ドキュメントウィンドウにページが表示される。

ページパネル右上❹をクリック。メニュー最下部の「パネルオプション ...」を選択。

「サムネールを表示❺」にチェックを入れて表示、外して非表示。

作業しやすいほうを選びましょう

便利な機能には裏がある？！

サムネールはわかりやすい反面ソフトの動作が遅くなりやすい。特にページ数が多い場合は非表示が効率的。

Q. 複数ページに共通の要素を作成・修正したい

A. マスターページを選んで作業しよう

マスターページとは「テンプレート」のようなもので、基本のレイアウトを作っておけば、複数のドキュメントページに同じレイアウトを適用することができます。

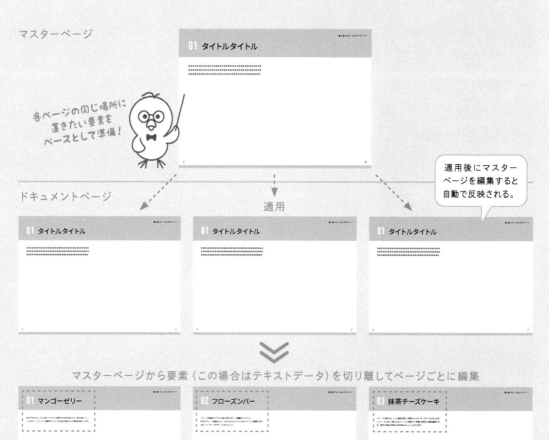

マスターページ

各ページの同じ場所に置きたい要素をベースとして準備！

ドキュメントページ

適用

適用後にマスターページを編集すると自動で反映される。

マスターページから要素（この場合はテキストデータ）を切り離してページごとに編集

01 マンゴーゼリー

02 フローズンバー

03 抹茶チーズケーキ

How To 操作方法

1. マスターページを作成

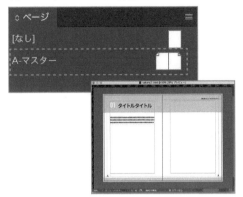

ページパネルのマスターページから「A- マスター」をダブルクリック。ウィンドウにマスターページが表示される。

テンプレートとして載せたい要素をレイアウト。

2. ドキュメントページに適用

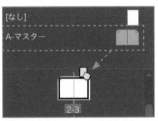

見開きで作ったマスターを片ページだけに適用させることも可能。

• ページ単位で適用

ページパネル上で、作成した「A- マスター」のアイコンまたは名前をドラッグし、適用したいページにドロップ。

• 複数ページに適用

[⌘] キーを押しながら複数のページをクリックして選択。いずれかのアイコン上で右クリックし、プルダウンから「マスターページを適用」をクリック。ダイアログが表示される。[OK] をクリック。

Win [Ctrl] キー

！ 切り離さないと触れない
マスターページの要素をドキュメントページで個別に編集したければ、要素を切り離す必要がある。切り離した要素は、マスターを編集しても反映されなくなるので注意。

● マスターページから要素を切り離す

 ▶

ドキュメントページ上でマスターページの要素を [⌘+ shift] キーを押しながらクリック。

Win [Ctrl+Shift] キー

Q. 文字の入れ方にコツはあるの?

A. フレームグリッドとプレーンテキストフレームを使い分けよう

InDesignにはPhotoshopやIllustratorで言う「ポイントテキスト」がありません。「段落テキスト」に近い、「フレーム」を使って文字を載せます。

フレームグリッド

> 「藍」のある暮らし
>
> 古くから息づいてきた藍染の技法を元に、「ジャパンブループロジェクト」を手がけている染色作家兼デザイナーの織原瑞絵さん。彼女と藍染との出会い、そして手がけるプロダクトに込めた想いを伺いました。
>
> 21W×7L = 147(105)

フレーム自体に書式が設定されている

プレーンテキストフレーム

> 「藍」のある暮らし
>
> 古くから息づいてきた藍染の技法を元に、「ジャパンブループロジェクト」を手がけている染色作家兼デザイナーの織原瑞絵さん。彼女と藍染との出会い、そして手がけるプロダクトに込めた想いを伺いました。

個別に書式を設定する必要がある

使い分け例

F フレームグリッド
文章量の多い本文など、ページをめくっても文字のサイズや段組が揃うように置きたい場合に使用。

P プレーンテキストフレーム
デザイン重視のページなどで、文字のサイズや位置を自由にレイアウトしたい場合に使用。

使いやすいほうでいいんですよ

How To 操作方法

● プレーンテキストフレームの基本操作

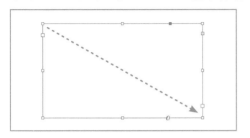

[T] キーを押し、横組み文字ツールに切り替え。ページ上で任意の範囲をドラッグ。フレーム作成と同時にカーソルが表示されるので、そのまま文字を入力。

> 縦組み文字ツールにしたいときは、ツールバーの T アイコンを長押し。

● フレームグリッドの基本操作

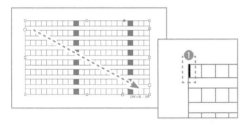

[Y] キーを押し、横組みグリッドツールに切り替え。ページ上で任意の範囲をドラッグ。[V] キーで選択ツールに切り替えたら、フレームグリッド上でダブルクリック。カーソル❶が表示されるので、任意の文字を入力。

● グリッドの設定変更方法

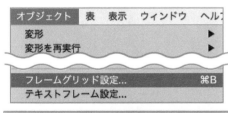

メニューバーから [オブジェクト→フレームグリッド設定] をクリック。

フレームグリッド設定のダイアログが表示される。任意の書式に設定し、[OK] をクリック。

> **!** グリッド設定の連動に注意！
> ドキュメントをレイアウトグリッドで作成している場合、ガイドとして表示されているグリッドも連動して変更される。

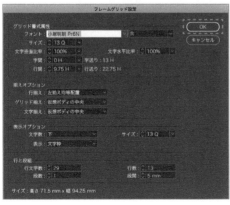

Q. 別々のページにある
文字の設定
同時にできない?

> **A.**
> 段落スタイルと
> 文字スタイルで
> 一括管理

テキストのサイズ、色、フォント、行間などの設定を「スタイル」として登録し、
それを複数のテキストに適用することで一括管理が可能になります。

Ⓐ 「理想の睡眠」とは?

Ⓑ 「最近、寝ても疲れがとれない...」「寝つきが悪い」など、睡眠に関する
お悩みはありませんか? そのお悩み、放っておくのは要注意!十分な睡
眠ができていない状態が長く続くと、心身ともに不調をきたしかねません。
では、どうすればいいのでしょう?
大切なⒸ時間と質のバランスです。睡眠専門医のアドバイスを参考に、
あなたの睡眠を見直してみましょう。

文字を入力して
スタイルを選ぶと
設定した書式に
なります

見出し
フォント:
砧 丸丸ゴシック ALr StdN R、20pt
文字カラー:
C80 Y20、下線設定

本文
フォント:
Zen Kaku Gothic New Regular、
8pt

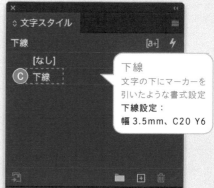

下線
文字の下にマーカーを
引いたような書式設定
下線設定:
幅 3.5mm、C20 Y6

- 段落スタイルは段落全体に適用される
- 文字スタイルは一部の文字にピンポイントで適用できる
- スタイルの設定を変更すると、適用した全てのテキストに反映
- 別々のページにあるテキストでも、同じスタイルを設定してあればまとめて変更できる

How To 操作方法

スタイル名を付けよう

「本文」「見出し」など分かりやすい名前にしておくと作業効率アップ！

● 段落スタイル・文字スタイルの基本操作

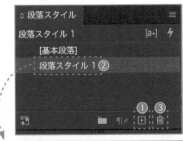

・ 登録

段落（文字）スタイルパネル右下の＋マーク❶をクリック。作成された「段落（文字）スタイル❷」をダブルクリック。ダイアログが表示される。任意の内容に設定し、［OK］をクリック。

必要な項目だけ指定すればあとはノータッチでも大丈夫。

・ 登録後の編集

パネルからスタイル名をダブルクリック。ダイアログが表示されたら内容を編集し［OK］をクリック。

・ 削除

該当スタイル名をクリックして選択。ゴミ箱マーク❸をクリック。

上手な使い分け方

基本的には段落スタイルを使用し、そのうちの一部だけを例外的に変更したい場合に文字スタイルを使用する。

● スタイルの適用／解除

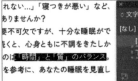

・ 段落スタイル適用

［T］キーを押す。適用したいテキストの段落内でクリックし、カーソルを挿入❹。段落スタイルパネルで任意のスタイル名をクリック。

・ 文字スタイル適用

該当テキストをドラッグして選択。文字スタイルパネルで任意のスタイル名をクリック。

使い分けを間違えているとここで混乱が生じがち…！

！ 文字スタイルが優先される
段落スタイルと文字スタイルを両方適用すると文字スタイルが優先される。

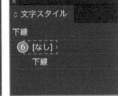

・ 解除

解除したいテキストを選択。スタイルパネルから、段落の場合は「［基本段落］❺」、文字の場合は「［なし］❻」をクリック。

Q. レイアウトに合わせて画像を配置する方法は?

A. グラフィックフレームツールを使おう

InDesign では先に画像置き場(フレーム)を準備しておき、そこに画像を当てていく、というやり方が一般的です。フレーム内で画像を動かしたりトリミングすることができます。

Ai データも配置できますよ

配置した画像はリンクファイルとして扱われる

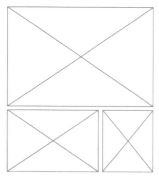

フレーム作成

配置&トリミング

How To 操作方法

1. フレームを作成

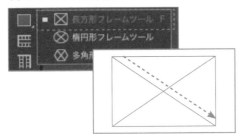

ツールバーから任意のフレームツール（ここでは長方形フレームツール）を選択。任意の位置でドラッグしてフレームを作成。

> ❗ **塗り&線が付けられる**
> フレームは図形と同じように塗りと線の設定をすることが可能。画像に縁を付けたいときなどに便利。

2. 画像を配置

フレームを選択した状態で［⌘+D］キーを押す。ダイアログが表示されるので、配置したい画像を選択して［OK］をクリック。フレームに画像が配置される。

Win ［Ctrl+D］キー

> 画像ファイル自体をフレームにドラッグ&ドロップしても配置することができる。

3. 位置・サイズ調整

• 画像を調整する
カーソルをフレームの上に置くと◎マーク❶が表示される。◎マークの上にカーソルを移動し、手のひらマーク❷に変わったらクリック。画像のバウンディングボックスが表示されるので、ドラッグして調整。

> オプションバーには、自動的にフレームに合わせてくれる便利な機能も。

• フレームを調整する
［V］キーで選択ツールに切り替える。フレームの◎マーク以外の部分をクリック。バウンディングボックスをドラッグして調整。

> 拡大・縮小時に［⌘］キーを押しながらドラッグすると、画像も一緒に調整できる。
>
> Win ［Ctrl］キー

Q. ミスがないか 効率良く チェックしたい！

A. プリフライトで 全ページ自動チェック

プリフライトとは、画像のリンク切れや表示できないフォントが無いかなど、事前に設定した項目を自動でチェックしてくれる便利な機能です。

オーバーセットテキスト

デフォルト設定でのチェック項目
- リンク切れ
- オーバーセットテキスト
- 環境にないフォント　　　　など

📖 オーバーセットテキストとは

テキストフレームの文字数をオーバーして入りきらないテキストのこと。InDesign ではフレームの最後に「+」マークが出る。通称、「文字あふれ」。

How To 操作方法

● プリフライトの基本操作

エラーがないときは、緑の印が表示されている。
● エラーなし

・ オン / オフ

ウィンドウ下部の❶をダブルクリック。プリフライトパネルが表示される。パネル左上の[オン❷]のチェックを入れてオン、外してオフ。

「オン」にしておくと、データの編集中も常に自動チェックが作動している状態になる。

・ エラー内容の確認

プリフライトパネルのエラー欄❸から項目名左の[>]をクリック。確認したい内容をダブルクリック。ドキュメントウィンドウ上に該当ページが表示され、該当箇所が選択される。

● チェック項目の編集 / 適用

プリフライトパネルの右上❹をクリック。プルダウンから[プロファイルを定義]を選択。

ダイアログが表示される。+マーク❺をクリック。ダイアログ左側のプロファイル一覧に新規プリフライトプロファイルが作例される。右側❻でプロファイル名を入力し、チェック項目を指定。[OK]をクリック。

プリフライトパネルの「プロファイル：」のプルダウン❼をクリック。作成したプロファイルを選択。

欲張りたい気持ちもわかりますけどね

項目は欲張らない！

チェック項目が多いとその分ソフトの動作は重くなる。どうしても項目が減らせない場合は、作業中はオフにしておき提出前だけオンにするなど使い方を工夫するのがおすすめ。

Q. 入稿データの作り方は?

A. パッケージで必要データを集めよう

InDesign データで入稿するときや、リンク画像を一気に集めたいときに便利な「パッケージ」。自動的にコピーを作ってくれるので、元データも残って安心。

フォルダ A
Id データ

「藍」のある暮らし

フォルダ B

フォルダ C

フォルダ C
Font A　Font B

InDesign では基本的に文字をアウトライン化せず、フォントの元データを同梱することが多い。

パッケージフォルダ
Id データ

「藍」のある暮らし

Links

Fonts
Font A　Font B

IDML

PDF

IDML については次ページで

How To 操作方法

1. パッケージ化

任意のデータを最新の状態で保存する。メニューバーから[ファイル→パッケージ]をクリック。

パッケージのダイアログが表示される。「パッケージ」をクリック。

> なんらかの問題がある場合、ダイアログ左側の項目名に警告アイコンが表示されるので必要に応じて対処。

2. 詳細設定

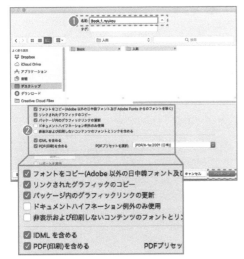

> パッケージフォルダが新たに作られることになる。

フォルダ名❶を入力し、作成場所を指定。オプション❷の上3項目と下2項目にチェックを入れる。

「IDML」とは?

最新バージョンで作成したデータを、古いバージョンでも開けるようにしたもの。ただしあくまで「開ける」だけで100%の再現性はないため、使わざるを得ないときは十分注意しよう。

右下の[パッケージ]をクリック。元データとは別に、新たにデータが作成される。

> ❗ リンクのリンクは集められない
> たとえばAiデータをリンク配置している場合、そのAiデータ内にリンク配置している画像などは、Idのパッケージで自動収集することはできない。

フォントのライセンスに注意

コピーして渡すことが禁止されているフォントもあるので注意。Adobe Fontsの他、日本語フォントは禁止なことが多いので、デフォルトで含まれないようにチェックが入っている。

特別公開
ですよ

イイトコドリ先輩の パソコンのぞき見！

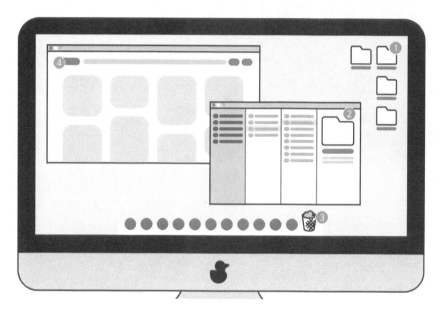

❶ デスクトップ

常に整頓。基本的に作業データを置きっぱなしにしておくようなことはしません。

❷ データ管理

案件ごとにフォルダを作っています。さらに各案件は年度ごとに分けて管理しているので、過去のデータでもすぐに見つけられます。

❸ ごみ箱

いつの間にか溜まりがちですが、パソコンが重くなるのでこまめに空にしています。

❹ よく見るWebサイト

- Pinterest（ピンタレスト）
https://www.pinterest.jp
画像検索＆保存ができるサイト。一般的な検索エンジンを使うよりも探しているイメージが見つかりやすいので、参考画像探しにぴったりです。

- GigaFile便 ／ firestorage
https://gigafile.nu
https://firestorage.jp
無料で使える大容量ファイル転送サービス。メールに添付することができない重いデータを送りたいときに重宝します。パスワードを付けることもできて安心です。

Section5

Bridge

Br Bridgeのワークスペース

Bridgeはパネルの集合体で構成されています。
まずはデフォルトのまま使い、慣れてきたら表示をカスタマイズするのもおすすめです。

How To 操作方法

● パネルの基本操作

・移動
パネルのタブ❶をドラッグ＆ドロップ。

・パネルを折りたたむ／展開
タブ❶をダブルクリック。

・表示／非表示
メニューバーから［ウィンドウ］を
クリック。パネル名をクリックで
ワークスペース上に表示。再度ク
リックで非表示。

> 表示されているパネルには
> チェックが付く。

● フルスクリーンでプレビューを表示

コンテンツパネル内で任意のファ
イルを選択。［space］キーを押
す。［ → ／ ↑ ］キーで次の画像、
［ ← ／ ↓ ］キーで前の画像を表
示。再度［space］キーを押して
元の表示に戻る。

● ワークスペースのカラー変更

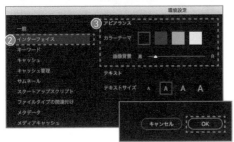

メニューバーで［Adobe Bridge
20XX → 環境設定 ...］を選択。
ダイアログが開く。

左側の項目から「インターフェイ
ス❷」をクリック。「アピアランス
❸」からカラーを選択し、右下
の［OK］をクリック。

Win ［ 編集→環境設定…］

実はこれ
Photoshop や
Illustrator でも
変えられます

Q. ファイルの表示方法 を見やすく変えたい！

A. サムネール表示と リスト表示が便利

用途に合わせて様々な表示に切り替えることができます。
ここでは、プロの現場でも日常的によく使われる2つの表示方法を紹介します。

サムネール表示

- 画像を並べて一覧できる
- 画像探しや整理がしやすい

リスト表示

- 画像の情報を一覧できる
- サイズや解像度が確認しやすい

入稿データの
チェック時に
役立ちますよ

How To　操作方法

● Bridgeの基本操作

表示したいフォルダをFinder
やデスクトップからドラッグし、
Bridgeアイコン※の上にドロッ
プ。Bridgeのウィンドウにフォル
ダ内のファイルが表示される。

Win ※ Bridgeのパスバー❶
にドラッグ&ドロップ。

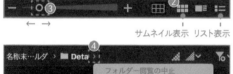

サムネイル表示　リスト表示

• 表示の切り替え
ウィンドウ下部から、任意の表示
モードのボタン❷を選択。

• 表示サイズ変更
ウィンドウ下部のスライダー❸を
ドラッグ。

• サブフォルダ内も表示する
パスバーの [>❹] をクリック。[サ
ブフォルダー内の項目を表示] を
選択。

サブフォルダとは

フォルダの中にあるフォルダのこと。この機能を使えば複数のフォ
ルダに振り分けたファイルでもまとめて一覧することができる。

● 画像を手動で並び変える

メニューバーから、[表示→並び
替え→手動] をクリックし、チェッ
クを入れる。

任意の画像をドラッグ。移動させ
たい位置に縦線❺が表示された
らドロップ。

！ 手動の順は優先&記録される
並び替えの基準をファイル名や作成
日などにしても、[手動] のチェック
が入っている限り手動の順が優先され
る。また Bridge を一度終了して開き
直しても、手動の並び順は生きたまま
になる。

Q. 特定の種類・条件
のファイルだけ
表示したい！

A. フィルターを使って
絞り込みが可能

フィルターを使えば、ファイル形式や作成日など様々な条件で表示の絞り込みができます。
たくさんのファイルの中から見たいファイルだけを表示させることで作業が捗ります。

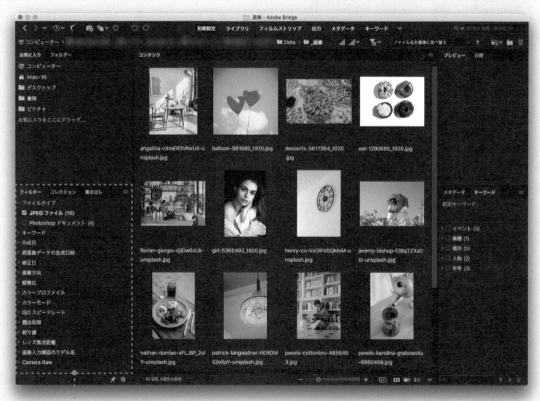

フィルターパネル

使うしか
ないですね

How To 操作方法

● フィルターパネルの基本操作

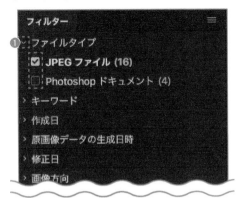

• フィルタリング

任意のカテゴリの [> ❶] をクリックして項目を表示。該当させたい項目をクリックし、チェックを入れる。

複数選択可能。カテゴリをまたいでもOK。

コンテンツパネルに該当ファイルだけが表示される。

• 解除

チェックを外す。

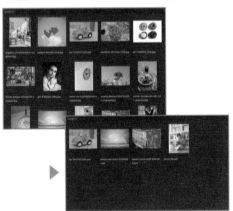

● フィルター項目の表示／非表示

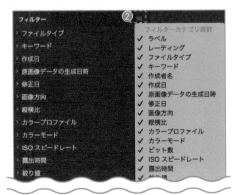

フィルターパネル右上 ❷ をクリック。非表示にしたい項目をクリック。チェックを外して非表示、入れて表示。

使わないものは非表示に

デフォルトの項目はかなり多く、人によっては全く使わないものも。非表示にして作業時の効率アップに繋げよう！

SKILL UP! ファイルに目印を付けよう

ファイルにラベルやキーワードなどの目印を付けてみましょう。
いずれもフィルター項目に含まれるため、画像探しや整理がさらに捗ります。

キーワードパネル

ラベル

How To 操作方法

● ラベルの使い方

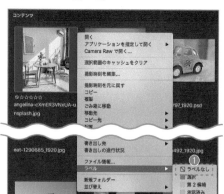

> **Bridge上のみ反映**
> Finderでのファイル表示には反映されないので注意。

・付ける
コンテンツパネルで任意のファイルを選択し、右クリック。プルダウンの [ラベル] からいずれかのラベルの色を選択。

・外す
[ラベルなし❶] を選択。

> [⌘] キーを押しながら複数選択して、一気に同じラベルを付けることも可。
> **Win** [Ctrl] キー

● キーワードの使い方

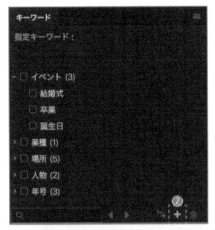

・ キーワード登録

キーワードパネル右下の＋マーク❷をクリック。パネルに新規キーワードの枠❸が表示されるので、任意のキーワードを入力し[return]キーを押す。

Win [Enter]キー

> 登録すると、フィルターパネルの「キーワード」の項目内にも自動的に追加される。

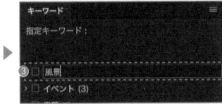

・ キーワード編集

編集したいキーワードを右クリック。プルダウンから[名前変更]を選択し編集。

・ 付ける／外す

キーワードを追加したいファイルを選択。キーワードパネル上で任意のキーワードをクリックし、チェックを入れる、または外す。

> 複数選択が可能。

便利な時代に
なったものです…

しみじみ

Q. 複数の<u>ファイル名</u>を<u>一気に変え</u>たい！

A. <u>バッチで変更</u>して効率アップ

Bridgeには、ファイル名を指定した内容に自動で変換してくれる機能があります。
手動で行うよりも効率的且つミスのリスクを抑えることができて、まさに一石二鳥です。

はちゃめちゃな
ファイル名でも…

速攻すっきり！

サッ

How To　操作方法

1.ファイルの並び順を変更

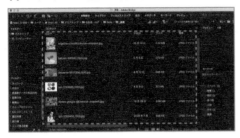

名前を変えたい複数のファイルを
任意の順に並べ替える。

> サムネール表示でもOK。

> 並べた順に通し番号がつけられ
> るため。

該当ファイルのうち最初と最後の
ファイルを [Shift] キーを押しな
がらクリックし、一気に選択。

2.ファイル名をバッチで変更

メニューバーから [ツール→ファ
イル名をバッジで変更 ...] をクリッ
ク。ダイアログが表示される。

「保存先フォルダー❶」で任意の
保存方法を選択。

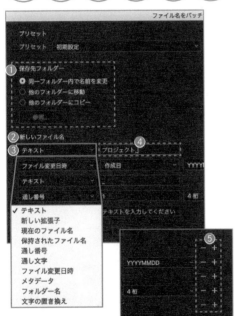

「新しいファイル名❷」でファイ
ル名のルールを指定。左のプル
ダウン❸から、ルールの種類を
選択。選択した内容に合わせて、
右の入力欄❹に任意のテキスト
などを入力。ルールの削除、追
加は右端の [−] マーク& [+] マー
ク❺をクリック。

> [プレビュー❻] をクリックで、
> 変更後のファイル名が確認で
> きる。

ダイアログ右上の [名前変更❼]
をクリック。自動でファイル名が
変更される。

> ファイルが多い場合時間がか
> かることがあるので、その間は
> 触らない。

Q. 画像のサムネール一覧を印刷したい！

A. PDFファイルとして書き出せる

Bridgeから直接サムネール一覧の印刷はできませんが、PDFファイルに書き出すことができます。レイアウトを調整できるので便利です。

ありがたいですね〜

縦横の配置枚数や上下左右の余白サイズなどを指定することができる。

出力プレビュー　　　　　　　出力設定パネル

How To 操作方法

1. ファイルを選択

ウィンドウ上部の出力❶をクリック。表示が切り替わる。コンテンツパネル❷から出力したい画像を選択を、出力プレビューパネルの白い面にドラッグ＆ドロップ。

[⌘] キーを押しながら複数選択し、一気にドラッグ＆ドロップすることも可能。

Win [Ctrl] キー

2. レイアウト調整

出力設定パネルの [ドキュメント❸] をクリック。PDF のサイズと向きを指定。

[グリッドと余白❹] をクリック。出力プレビューの表示を確認しながら、ファイルの配置枚数・間隔・余白などを調節。

パネル上部の「テンプレート」のプルダウンから、任意のレイアウトを選択してもOK。

一番下の [PDF に書き出し❺] をクリック。ファイル名と保存場所を設定するダイアログが表示される。任意の内容に設定して [保存] をクリック。

作業後、元の一覧表示に戻すには、ウィンドウ上部の [初期設定] をクリック。

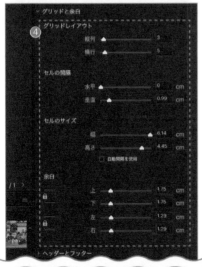

画像に枠線を付けたい

Bridge には枠線を付ける機能はないので、白い画像に枠を付けたいときなどは、背景色に薄いグレーなどを選んで代用しよう。

グラフィックデザインをする人あるある②

電車内で広告の ミス発見

100% Orenge Juice

むむっ

スペルミス 発見…！

終わらない 肩凝りとの戦い

ラジオ体操第二を 全力でやって解消！

でもまたすぐ凝る…

気がついたら 見てます

！

なかはし 歯科医院

COFFEE

サウナ・ カプセル

フォントが 気になる

デザインと 絵は別物 なんです…

絵が得意だと 思われがち

Section6

Acrobat

Acrobatのワークスペース

単純にPDFを閲覧するだけなら操作を覚える必要はほとんどありませんが、
実際の現場ではそれ以上の作業を行うことが多々あります。基礎を押さえておけば安心です。

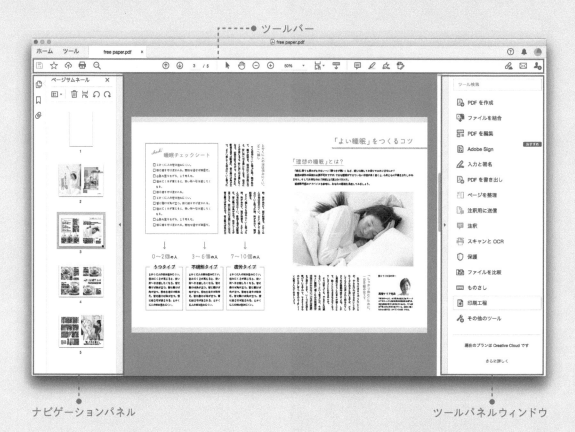

● ツールバー

ナビゲーションパネル

ツールパネルウィンドウ

きっとあなたの
想像以上に
いろんなことが
できますよ〜

How To 操作方法

● ナビゲーションパネル・ツールパネルウィンドウの展開方法

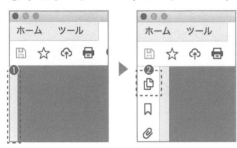

左右の一番端にあるグレーの
バー❶をクリックで展開。

ナビゲーションパネルは、さらに
任意のアイコン❷をクリックして
各パネルを表示。

● ツールパネルウィンドウの基本操作

・ツールを使用／使用をやめる

任意のツールをクリック。ツール
バーの内容や画面の表示が切り
替わる。元の表示に戻す場合は、
ツールバー右端の[閉じる❸]を
クリック。

・表示されていないツールを使用

ツールタブをクリックし、最下段
の[その他のツール❹]をクリッ
ク。全てのツールが一覧表示さ
れる。任意のツールアイコンをク
リック。

・ツールの追加／削除

[その他のツール❹]をクリックし
て一覧を表示。任意のアイコン
の下の[追加❺]をクリックする
とツールパネルウィンドウに追加
される。反対に削除したい場合
は[▼❻]をクリックしプルダウ
ンから[ショートカットを削除]を
クリック。

Q. ページの削除や順番入れ替えをしたい

A. ページサムネールパネルを使おう

他人へ共有する資料や作業用に、余計なページを削除したり順番を変えたいときは多くあります。Acrobatだけで作業完了です。

ページサムネールパネル

全般の把握もしやすいですね

How To 操作方法

● ページサムネールパネルの基本操作

ページサムネールのアイコン❶をクリックしてパネルを表示。

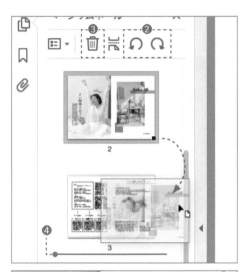

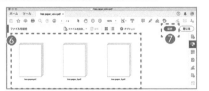

- 回転

任意のサムネールを選択。回転マーク❷をクリック。

> いずれの動作も [⌘+S] キーで保存をかける必要あり。

> Win [Ctrl+S] キー

> ⚠ ツールバーの回転マークは別物 一時的な回転で保存不可。見た目は全く同じで間違いやすいので要注意。

- 削除

任意のサムネールを選択。ゴミ箱マーク❸をクリックし、確認のダイアログで [OK] をクリック。

- 順序の変更

任意のサムネールを移動させたい位置までドラッグし、青線❹が表示されたらドロップ。

> 元データからは消えるわけではなく、コピーが作成される。

- ページ単体を抜き出す

任意のサムネールをデスクトップ上へドラッグ＆ドロップ※。

> Win ※ Windows では不可なので、右クリックして [ページを抽出]。

- 別書類からページを挿入

別書類から該当サムネールをドラッグ。パネル上の挿入したい位置に青線が表示されたらドロップ。

● ファイル結合ツールで複数書類を結合する

ツールパネルウィンドウから [ファイルを結合❺] を選択。表示が切り替わる。該当 PDF を Finder やデスクトップからウィンドウ内にドラッグ＆ドロップ。

サムネールを任意の順に並び替え❻、「結合❼」をクリック。結合された PDF が新規作成される。

> ページ単位でなくまるごと結合するならページサムネールパネルよりもこのツールです！

Q. PDFにコメントや 修正指示を入れたい！

A. 注釈機能を使おう

PDF の内容にコメントをしたり、修正指示をしたりするときには注釈機能が使われています。印刷しないオンラインの校正には必須の機能です。

注釈一覧＆コメント欄

テキストボックス

ハイライト

ノート注釈

こちらはほんの一部です

取り消し線	まありません ノレ心自レま	任意の箇所に 取り消し線を引く	ハイライト	教えてくれるの	任意の箇所に マーカーを引く
ノート注釈	マリア先生	注釈一覧に コメントを追加	テキストボックス	添付した画像に 差し替えを お願いします。	PDF上に コメントを追加
鉛筆	睡眠は疲労 ません。そし 睡眠専門医	フリーハンドで 自由に描画	スタンプ	承認済	スタンプや画像を 貼り付け

How To 操作方法

● 注釈の基本操作

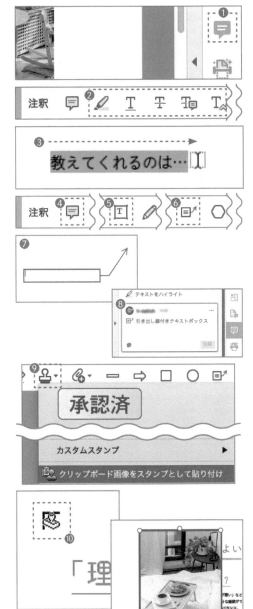

ツールパネルウィンドウから注釈❶を選択。ウィンドウ上部に注釈のツールバーが表示される。

• テキストに印をつける

任意のツール❷を選択。該当テキストをドラッグ❸。

先にドラッグしてからツールをクリックでも適用できる。

引き出し線付きテキストボックスは矢印とテキストボックスがセットになっていて便利。

• コメントを追加する

任意のツール（❹／❺／❻。ここでは引き出し線付きテキストボックス❻）を選択し、PDF内の任意の箇所でクリックまたはドラッグ。PDF上に作られるテキストボックス❼、またはウィンドウ右に表示される欄❽にコメントを入力。

Photoshopの場合は、選択ツールで任意の範囲を指定してからコピー。

• 画像を貼り付ける

任意の画像をPhotoshopやプレビューなどで開き、[⌘＋C]キーでコピー。注釈のツールバーから、スタンプマーク❾をクリック。プルダウンから[クリップボード画像をスタンプとして貼り付け]を選択。カーソルが❿の状態で、PDF内の任意の箇所をクリック。コピーした画像が貼り付けられる。

Win [Ctrl+C]キー

• 注釈削除

任意の注釈をクリックして選択。[delete]キーを押す。

Q. 沢山の注釈や赤字を 見落とさずに確認 する方法はない？

A. 注釈の一覧を 作って確認しよう

注釈内容をテキストとして一覧化してくれる機能があります。
画面で見るよりもわかりやすく内容を把握することができ、見落とし防止に役立ちます。

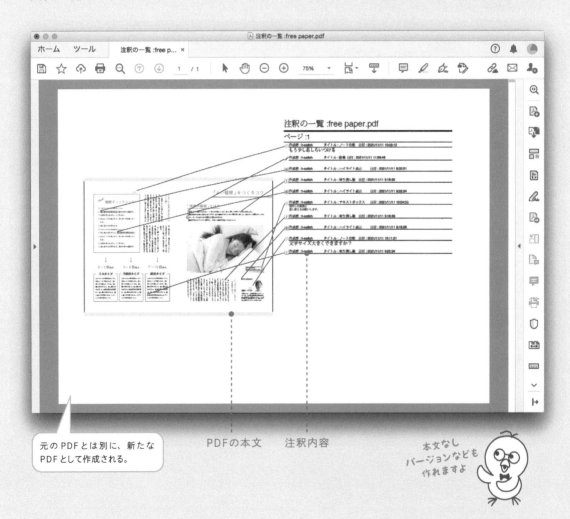

元の PDF とは別に、新たな PDF として作成される。

PDF の本文

注釈内容

本文なし
バージョンなども
作れますよ

How To 操作方法

1. 作成

注釈のついた PDF を開き、右側の注釈一覧&コメント欄を表示。右上の [… ❶] をクリックし、プルダウンから「注釈の一覧を作成 …」を選択。

2. 設定

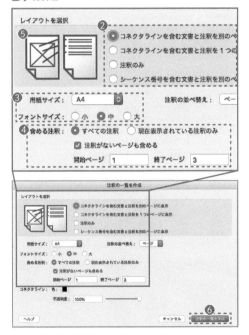

ダイアログが表示される。

> 選択するとイラスト❺が切り替わり、イメージを確認できる。

レイアウト❷を任意の内容に選択。用紙とフォントのサイズ❸、一覧化したい範囲❹を指定。

右下の「注釈の一覧を作成❻」をクリック。新規 PDF が作成される。

特にコメント欄の
文字が
多い場合は

一覧を
作ったほうが
見やすいです

Q. PDFのデータを軽くしたい!

A. PDFの最適化でドキュメントを圧縮

「PDFの最適化」では、制作や編集の過程で発生したPDF内の不要情報を削除したり、画像解像度を必要最低限にまで落とすことで、データ量を小さくします。

PDF の最適化

プリセット: 標準　　　削除　保存　　　　　　　　　　　　　　　　　容量の調査...

現在の PDF バージョン：1.6 (Acrobat 7.x)　　　　　　　互換性を確保：既存を保持

- ☑ 画像
- ☑ フォント
- ☐ 透明
- ☑ オブジェクトを破棄
- ☑ ユーザーデータを破棄
- ☑ 最適化

画像の設定

カラー画像：
ダウンサンプル：ダウンサンプル (バイキュービック法)　150 ppi　次の解像度を超える場合：225 ppi
圧縮：JPEG　画質：中

グレースケール画像：
ダウンサンプル：ダウンサンプル (バイキュービック法)　150 ppi　次の解像度を超える場合：225 ppi
圧縮：JPEG　画質：中

白黒画像：
ダウンサンプル：ダウンサンプル (バイキュービック法)　300 ppi　次の解像度を超える場合：450 ppi
圧縮：JBIG2　画質：劣化あり

すべての単位は pixel / inch (ppi) で表示されています。

☑ サイズが縮小される場合のみ画像を最適化

キャンセル　OK

デフォルトのプリセットで行われる主な処理
- 画質を必要最低限にまで下げる
- 不要な情報を削除
- 使用フォントのみを埋め込む　など

デフォルト設定で見た目が著しく劣化するようなことはありません

12.5MB　≫　1.1MB

How To 操作方法

1. 作成

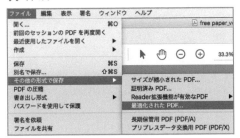

該当の PDF を開き、メニューバーから [ファイル→その他の形式で保存→最適化された PDF...] を選択。

PDF の最適化のダイアログが表示される。

2. 設定

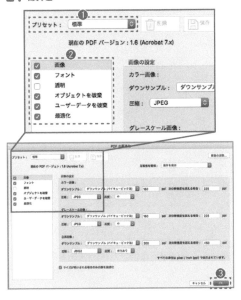

デフォルト設定を使用する場合は「プリセット」が [標準❶] になっていることを確認。

基本はデフォルトがおすすめ

ほとんどのドキュメントや用途に対して最大限の圧縮ができるようになる設定になっている。ただし画像解像度は350ppi以下になってしまうので入稿データには使用しないこと!

カスタムしたい場合は、該当項目❷をクリックし、内容を設定。

右下の [OK] をクリック。

資料や赤字や確認用のPDFに!

3. 保存

ダイアログで、ファイル名と保存場所を指定。右下の [保存] をクリック。

別名保存が安全 !

完全版データは念のためとっておき、圧縮版はわかりやすい別名を付けて保存するのがおすすめ。

Q. 印刷物を <u>PDF入稿</u> する前には何を 確認すればいい?

A. <u>出力プレビュー</u>で <u>色</u>をチェック

さまざまな条件においてデータがどのように見えるか再現することができる 「出力プレビュー」を使えば、色に関する入稿後のトラブルを防ぐことができます。

各インキの版を表示でき、各版がおかしくないか確認できる。

How To 操作方法

● 各インキの版を確認

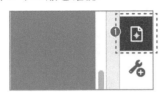

ツールパネルウィンドウから「印刷工程❶」のアイコンをクリック。サイドバーが展開されるので、「出力プレビュー❷」を選択。

出力プレビューのダイアログが表示される。

> 特色版は特色使用時にのみ表示される。

ダイアログの「色分解」欄で、表示したいインキの版にチェックを入れ、非表示にしたい版はチェックを外す❹。

> ドキュメントウィンドウに表示されているPDFの見え方が変わる。

インキとはインクのことです ニョキ

こんなときに使おう

・1C印刷のデータに他のインキが混ざっていないか確認したい！
・特色指定が正しくできているか確認したい！

● インキ総量の確認

ダイアログの下部にある「領域全体をカバー❺」にチェックを入れる。右側のプルダウン❻から[300]を選択。

文書パネルウィンドウ上でインキ総量が300%以上になっている部分が緑色に表示される。

インキ総量とは

印刷時に紙の上で重なるインキの合計量のこと。多すぎると紙が濡れ、トラブルの原因になるため印刷所に断られる可能性がある。一般的には300%以下になっていれば安心だが、写真の黒い部分などはだいたい超える。用紙によって上限は異なる。

Ps Ai 厳選ショートカットキー早見表 ⬇ DL

共通

	機能	Mac	Win
基本操作	新規ドキュメント作成	⌘+ N	Ctrl+N
	ドキュメントを保存	⌘+ S	Ctrl+S
	ドキュメントを別名保存	⌘+ shift + S	Ctrl+Shift+S
	直前の操作を取り消す	⌘+ Z	Ctrl+Z

Ps Photoshop

	機能	Mac	Win
表示	スクリーンモード切り替え	F	F
	ガイド表示／非表示	⌘+ :	Ctrl+:
	定規表示／非表示	⌘+ R	Ctrl+R
ツールの切り替え	移動ツール	V	V
	ペンツール	P	P
	ブラシツール	B	B
	グラデーションツール	G	G
	文字ツール	T	T
	パス選択ツール	A	A
選択	カンバス全体を選択	⌘+ A	Ctrl+A
	選択解除	⌘+ D	Ctrl+D
レイヤー編集	選択したレイヤーをグループ化	⌘+ G	Ctrl+G
	選択したグループを解除	⌘+ shift + G	Ctrl+Shift+G
	選択したレイヤーを結合	⌘+ E	Ctrl+E
	選択したレイヤーを複製	⌘+ J	Ctrl+J
その他	選択範囲を描画色で塗りつぶす	option + delete	Alt+Delete
	選択範囲を背景色で塗りつぶす	⌘+ delete	Ctrl+Delete
	ドキュメントを印刷する	⌘+ P	Ctrl+P

Ai Illustrator

	機能	Mac	Win
表示	スクリーンモード切り替え	F	F
	ガイド表示／非表示	⌘+;	Ctrl+;
	定規表示／非表示	⌘+R	Ctrl+R
ツールの切り替え	選択ツール	V	V
	ダイレクト選択ツール	A	A
	ペンツール	P	P
	文字ツール	T	T
	直線ツール	¥	¥
	長方形ツール	M	M
	楕円形ツール	L	L
	ブラシツール	B	B
	リフレクトツール	O	O
	グラデーションツール	G	G
	スポイトツール	I	I
オブジェクト編集	全てのオブジェクトを選択	⌘+A	Ctrl+A
	オブジェクト選択解除	⌘+shift+A	Ctrl+Shift+A
	選択したオブジェクトをコピー	⌘+C	Ctrl+C
	コピーしたオブジェクトをペースト	⌘+V	Ctrl+V
	コピーしたオブジェクトを同じ場所にペースト	⌘+F	Ctrl+F
	選択したオブジェクトをグループ化	⌘+G	Ctrl+G
	選択したグループを解除	⌘+shift+G	Ctrl+Shift+G
	選択したオブジェクトをロック	⌘+2	Ctrl+2
	全てのロックを解除	⌘+option+2	Ctrl+Alt+2
その他	ドキュメントを印刷する	⌘+P	Ctrl+P
	直前の操作を繰り返す	⌘+D	Ctrl+D
	画像を配置する	⌘+shift+P	Ctrl+Shift+P

主な寸法一覧表 ⬇DL

画像サイズ

規格	寸法（px）
8K	7680×4320
4K	3840×2160
WQHD	2560×1440
2K（Full HD）	1920×1080
SXGA	1280×1024
HD	1280×720
XGA	1024×768
SVGA	800×600
VGA	640×480
QVGA	320×240

❗ スマホの画面やSNS向けの最適画像サイズは表示端末の進化とともに上昇する。メーカーやサービスの仕様を常に確認しよう。

❗ ピクセルサイズは見た目の大きさではない。同じインチのテレビでも、同じ広さに8Kのほうがドット（ピクセル）がギュッと詰まっているので高画質！

4K 3840×2160px　　8K 7680×4320px

用紙サイズ（JIS規格）

A判	寸法（mm）	B判	寸法（mm）
A0	841×1189	B0	1030×1456
A1	594×841	B1	728×1030
A2	420×594	B2	515×728
A3	297×420	B3	364×515
A4	210×297	B4	257×364
A5	148×210	B5	182×257
A6	105×148	B6	128×182

その他	寸法（mm）
ポストカード（日本）	100×148
名刺サイズ	55×91 ※決まりはない
クレジットカード	54×85.6

❗ A判・B判は、数字が上がるごとに約半分のサイズになる。

逆にA4用紙2枚だとA3サイズということです

A5　A6
A3
A1　A4
　　A2
A0

よく使う校正記号 ⬇DL

指示内容	記号	修正後	備考
文字を削除する	14時にキックオフ 〔トル／トルツメ〕 14時にキックオフ 〔トルママ〕	14時キックオフ 14時　キックオフ	「取って詰める」がトルツメ。「取ってそのまま」がトルママ。「トル」＝「トルツメ」だが、トルママの意味で使ってくる人もいるので、怪しいときは確認。
文字の挿入	右サイドからクロス 〔低い〕	右サイドから低いクロス	
文字の修正	前半30分先制ゴール 〔3〕	前半33分先制ゴール	
全角空け 半角空け 記号挿入	終了間際惜しいシュート 〔□／△※〕 追加タイム2分 〔□〕	終了間際　惜しい シュート 追加タイム・2分	※△は、本当は校正記号としては間違いだが、多くの人が使っている。正しくは文字で「半角アキ」「二分アキ」などと書く。
文字間空け	前半終了	前 半 終 了	
文字間詰め	前 半 終 了	前半終了	
入れ替え	選手交代 選手の交代	交代選手 交代の選手	
大文字に、小文字に	ポジションは左ウィング	ポジションは左ウィング	
改行する	ドリブルで敵陣を突破しスループスから同点ゴール	ドリブルで敵陣を突破し スループスから同点ゴール	
改行をやめる	両監督が選手へ激しく指示を飛ばす	両監督が選手へ激しく指示 を飛ばす	
ここまで 1行に収める	残り時間・15分弱、両チーム攻撃的な手札を切る	残り時間・15分弱、両チーム 攻撃的な手札を切る	
移動する	ペナルティエリア 右サイドバック	ペナルティエリア 　右サイドバック	
ルビの挿入	逆転ゴール ぎゃくてん	逆転（ぎゃくてん）ゴール	⟨ルビ⟩とさらに添えることが多い。
書体変更	守護神のファインセーブ 〔明／ミン　ゴ／ゴチ〕	守護神のファインセーブ	明朝体、ゴシック体だが、実際は、「太く」「強調」などふわっとした指示が多い。
修正の取りやめ	試合終子 〔イキ／ママ〕	試合終了	取り消しの取り消しで、「赤字イキ」という指示も使われる。

用語別Index

A

Adobe RGB ･･････････････････ 037、165
AI ････････････････････････････ 108
CMYK ･･････････････････････ 164
CPU ･･････････････････････････ 018
DIC ･･･････････････････････ 140、165
EPS ･･････････････････････････ 034
GIF ･･･････････････････････････ 036
HDD ･･････････････････････････ 018
HSB（HSV）･･･････････････････ 164
JPEG ･･･････････････････････ 034、036
OpenType ････････････････････ 167
PANTONE ･･････････････････ 140、165
PDF ･･･････････････････････ 034、108
PDFの最適化 ･････････････････ 244
PNG ･･････････････････････････ 036
PSD ･･･････････････････････ 034、157
RGB ･･････････････････････････ 164
sRGB ･････････････････････ 037、165
TrueType ･････････････････････ 167
Webセーフカラー ･･････････････ 164

あ

アートボード ･･････････ 024、096、100
アウトライン化 ･･･････････････ 126
赤字 ･･････････････････････････ 013
アクション ･･･････････････････ 088
アピアランスパネル ･･････ 114、136、138
アピアランスを分割 ･････････････ 115
アンカーポイント ･･･････････････ 118

イメージプロセッサー ･･･････････ 089
色濃度 ････････････････････････ 166
インキ総量 ･･･････････････････ 247
ウィンドウアレンジ ･･････････････ 052
埋め込み ･････････････････････ 150
欧文フォント ･････････････････ 167
オーバーセットテキスト ･･･････････ 216
オーバーレイ ･････････････････ 084
オプションバー ･･･････････････ 020
オプティカル ･････････････････ 179

か

カーニング ･･･････････････････ 069
解像度 ･･･････････････････ 022、038
ガイド ･･･････････････････ 030、104
拡張子 ････････････････････････ 034
カラーコード ･････････････････ 164
カラーパネル ･････････････ 128、164
カラープロファイル ･･･････ 037、165
カラーモード ･････････････････ 022
カンバス ･････････････････ 020、039
キーオブジェクト ･･･････････････ 149
級数（Q数）･･････････････････ 167
境界線 ････････････････････････ 083
切り抜き ･････････････････ 040、152
クイック選択ツール ･････････････ 058
グラデーション ･･･････････ 044、132
クリッピングマスク ･･･････ 048、152
グループ化 ･･･････････････････ 147
グレースケール ･･･････････････ 166

グローバルカラー ・・・・・・・・・・・・・・・・・130
黒つぶれ ・・・・・・・・・・・・・・・・・・・・・050
消しゴムツール・・・・・・・・・・・・・・・・・123
効果・・・・・・・・・・・・・・・・・・・・・・114
小口 ・・・・・・・・・・・・・・・・・・・・・・203
ゴシック体 ・・・・・・・・・・・・・・・・・・167
コピースタンプツール ・・・・・・・・・・・・・056
コンテンツに応じた塗りつぶし ・・・・・・・054
コントロールパネル・・・・・・・・・・ 096、200

さ

彩度・・・・・・・・・・・・・・・・・・・・・・046
作業用パス・・・・・・・・・・・・・・・・・・065
サブフォルダ・・・・・・・・・・・・・・・・・225
サンセリフ体・・・・・・・・・・・・・・・・・167
シェイプ ・・・・・・・・・・・・・・・・・・・070
色域外警告 ・・・・・・・・・・・・・・・・・・164
色相・・・・・・・・・・・・・・・・・・・・・・046
ジグザグ・・・・・・・・・・・・・・・・・・・114
自動選択ツール ・・・・・・・・・・・・・・・・058
シャドウ ・・・・・・・・・・・・・・・・・・・047
自由変形・・・・・・・・・・・・・・・・・・・072
定規・・・・・・・・・・・・・・・・ 031、104
乗算・・・・・・・・・・・・・・・・・・・・・・084
白飛び ・・・・・・・・・・・・・・・・・・・・050
スウォッチ・・・・・・・・・・・・・・・・・・130
スクリーン・・・・・・・・・・・・・・・・・・084
図形ツール ・・・・・・・・・・・・・・・・・・110
ストックフォト ・・・・・・・・・・・・・・・・160
スナップ機能 ・・・・・・・・・・・・・・・・・078

スポイトツール ・・・・・・・・・・・・・・・・129
スポットカラー ・・・・・・・・・・・・・・・・086
スポット修復ブラシツール・・・・・・・・・・・055
スマートオブジェクト・・・・・・・・・・・・・076
スマートガイド ・・・・・・・・・・・・・・・・078
整列・・・・・・・・・・・・・・・・ 079、148
セグメント・・・・・・・・・・・・・・・・・・118
セリフ体 ・・・・・・・・・・・・・・・・・・・167
選択とマスク ・・・・・・・・・・・・・・・・・062
選択範囲の反転・・・・・・・・・・・・・・・・061
線パネル・・・・・・・・・・・・・・・・・・・111
属性・・・・・・・・・・・・・・・・・・・・・・043

た

断ち落とし ・・・・・・・・・・・・・・・・・・098
ダブルトーン・・・・・・・・・・・・ 086、166
段落スタイル ・・・・・・・・・・・・・・・・・212
段落テキスト ・・・・・・・・・・・・ 066、124
段落パネル ・・・・・・・・・・・・・ 068、124
地・・・・・・・・・・・・・・・・・・・・・・203
注釈・・・・・・・・・・・・・・・・・・・・・・240
調整レイヤー ・・・・・・・・・・・・・・・・・046
直線ツール ・・・・・・・・・・・・・・・・・・110
ツールバー ・・・・・・・・・・・ 020、096、200
天・・・・・・・・・・・・・・・・・・・・・・203
透明パネル・・・・・・・・・・・・・・・・・・138
トーンカーブ・・・・・・・・・・・・・・・・・050
ドキュメントページ ・・・・・・・・・・・・・208
特色・・・・・・・・・・・・・・ 086、140、165
綴じ ・・・・・・・・・・・・・・・・・・・・・202

用語別Index

トラッキング ・・・・・・・・・・・・・・・・・・・・069
トリムマーク ・・・・・・・・・・・・・・・・・・・・106
ドロップシャドウ ・・・・・・・・・・・・・・・・083
ドロップレット ・・・・・・・・・・・・・・・・・・090
トンボ・・・・・・・・・・・・・・・・・・・・・・・・・106

な

塗り足し ・・・・・・・・・・・・・・・・・・・・・・・106
ノド・・・・・・・・・・・・・・・・・・・・・・・・・・・203
ノンブル ・・・・・・・・・・・・・・・・・・・・・・・016

は

ハイライト・・・・・・・・・・・・・・・・・・・・・047
バウンディングボックス・・・・・・・・ 073、142
パス ・・・・・・・・・・・・・・・・・・・・・・・・・・064
パス上文字ツール・・・・・・・・・・・・・・・126
パスのオフセット ・・・・・・・・・・・・・・・113
パスの単純化・・・・・・・・・・・・・・・・・159
パスファインダー・・・・・・・・・・・・・・・116
パスを保存・・・・・・・・・・・・・・・・・・・065
パターン ・・・・・・・・・・・・・・・・・・・・・・134
パッケージ ・・・・・・・・・・・・・・ 154、218
バッチ処理 ・・・・・・・・・・・・・・・・・・・088
パネル ・・・・・・・・・・ 020、096、200、222
パブリックドメイン ・・・・・・・・・・・・・・161
版ズレ ・・・・・・・・・・・・・・・・・・・・・・・166
ハンドル ・・・・・・・・・・・・・・・・・・・・・・118
被写体を選択・・・・・・・・・・・・・・・・・058
ヒストグラム ・・・・・・・・・・・・・・・・・・・047
ヒストリー・・・・・・・・・・・・・・・ 032、093

ビットマップデータ ・・・・・・・・・・・・・・014
描画モード ・・・・・・・・・・・・・・・・・・・084
フィルター・・・・・・・・・・・・・・・・・・・・・226
フォントファミリー ・・・・・・・・・・・・・・・068
複合シェイプ・・・・・・・・・・・・・・・・・117
ブラシツール ・・・・・・・・・・・・・・・・・・122
ブラシライブラリ ・・・・・・・・・・・・・・・123
フリーライセンス・・・・・・・・・・・・・・・161
プリフライト ・・・・・・・・・・・・・・・・・・・216
フルスクリーンモード・・・・・・・・・ 021、097
フレームグリッド ・・・・・・・・・・・・・・・210
プレーンテキストフレーム ・・・・・・・・・・・210
ブレンド ・・・・・・・・・・・・・・・・・・・・・・145
分版 ・・・・・・・・・・・・・・・・・・・・・・・・165
ページサムネール ・・・・・・・・・・・・・・238
ページパネル ・・・・・・・・・・・・・・・・・206
ベクターデータ ・・・・・・・・・・・・・・・・015
ベクトルデータ ・・・・・・・・・・・・・・・・015
変形パネル・・・・・・・・・・・・・・・・・・142
ペンツール ・・・・・・・・・・・・・・・・・・・118
変倍 ・・・・・・・・・・・・・・・・・・・・・・・・072
ポイントテキスト・・・・・・・・・・・・ 066、124

ま

マージン ・・・・・・・・・・・・・・・・ 030、202
マスク・・・・・・・・・・・・・・・・・・・・・・・040
マスターページ ・・・・・・・・・・・・・・・208
明朝体 ・・・・・・・・・・・・・・・・・・・・・・167
明度 ・・・・・・・・・・・・・・・・・・・・・・・・046
メトリクス・・・・・・・・・・・・・・・・・・・・・179

メモリ ・・・・・・・・・・・・・・・・・・・・・・・・・・・018

文字あふれ ・・・・・・・・・・・・・・・・・・・・・・216

文字スタイル ・・・・・・・・・・・・・・・・・・・・212

文字タッチツール ・・・・・・・・・・・・・・・・126

文字パネル ・・・・・・・・・・・・・・・・068、124

ものさしツール ・・・・・・・・・・・・・・・・・・074

ら

ラスターデータ ・・・・・・・・・・・・・・・・・・014

ラスタライズ ・・・・・・・・・・・・069、071、077

ラフ ・・・・・・・・・・・・・・・・・・・・・・・・・・・012

ラベル ・・・・・・・・・・・・・・・・・・・・・・・・・228

リッチブラック ・・・・・・・・・・・・・・・・・・166

リネーム ・・・・・・・・・・・・・・・・017、230

リンク ・・・・・・・・・・・・・・・・・・・・・・・・・150

リンク切れ ・・・・・・・・・・・・・・・・・・・・・151

ルビ ・・・・・・・・・・・・・・・・・・・・・・・・・・016

レイアウトグリッド ・・・・・・・・・・・・・・・202

レイヤー ・・・・・・・・・・・・・・026、102

レイヤースタイル ・・・・・・・・・・・・・・・・082

レイヤーマスク ・・・・・・・・・・・・040、093

レイヤーを結合 ・・・・・・・・・・・・・・・・・029

レジストレーション ・・・・・・・・・・・106、166

レベル補正 ・・・・・・・・・・・・・・・・・・・・047

わ

ワープ ・・・・・・・・・・・・・・・・・・・・・・・・114

和文フォント ・・・・・・・・・・・・・・・・・・・167

著者 Power Design パワーデザイン
https://www.powerdesign.co.jp
東京に拠点を置くデザイン会社。
常時 20 名前後在籍のデザイナーがそれぞれ個性を活かし、
グラフィック事業とプロダクト事業の 2 つの分野を柱に幅広く活動。

STAFF

| 執筆・デザイン | 中村 敬一 / 萬年 晶 / 三浦 泉 /
竹内 春乃 / 國井 あゆみ /
三村 麻貴 / 藤田 奈緒 |
| 編集 | 山内 悠之 / 馬場 はるか |

■商品に関する問い合わせ先

このたびは弊社商品をご購入いただきありがとうございます。本書の内容などに関するお問い合わせは、下記の URL または二次元バーコードにある問い合わせフォームからお送りください。

https://book.impress.co.jp/info/

上記フォームがご利用頂けない場合のメールでの問い合わせ先
info@impress.co.jp
※お問い合わせの際は、書名、ISBN、お名前、お電話番号、メールアドレス に加えて、「該当するページ」と「具体的なご質問内容」「お使いの動作環境」を必ずご明記ください。なお、本書の範囲を超えるご質問にはお答えできないのでご了承ください。

● 電話や FAX でのご質問には対応しておりません。また、封書でのお問い合わせは回答までに日数をいただく場合があります。あらかじめご了承ください。
● インプレスブックスの本書情報ページ (https://book.impress.co.jp/books/1120101134) では、本書のサポート情報や正誤表・訂正情報などを提供しています。あわせてご確認ください。
● 本書の奥付に記載されている初版発行日から 3 年が経過した場合、もしくは本書で紹介している製品やサービスについて提供会社によるサポートが終了した場合はご質問にお答えできない場合があります。

■落丁・乱丁本などの問い合わせ先

FAX 03-6837-5023
service@impress.co.jp
※古書店で購入されたものについてはお取り替えできません。

デザイン初心者のための Photoshop Illustrator
先輩に聞かずに9割解決できるグラフィックデザイン超基礎

2022 年 1 月 21 日 初版第 1 刷発行
2024 年 7 月 21 日 初版第 4 刷発行

著 者	Power Design Inc.
編 者	インプレス編集部
発行人	小川 亨
編集人	高橋 隆志
発行所	株式会社インプレス 〒 101-0051 東京都千代田区神田神保町一丁目 105 番地 ホームページ https://book.impress.co.jp/

印刷所 株式会社ウイル・コーポレーション
ISBN978-4-295-01321-1 C3055
Printed in Japan

本書のご感想をぜひお寄せください。

https://book.impress.co.jp/
books/1120101134

アンケート回答者の中から、抽選で図書カード（1,000 円分）などを毎月プレゼント。
当選者の発表は賞品の発送をもって代えさせていただきます。
※プレゼントの賞品は変更になる場合があります。